小城镇水业及垃圾处理行业培训丛书

政策制定与实施

李　健　高沛峻　编著

中国建筑工业出版社

图书在版编目（CIP）数据

政策制定与实施/李健，高沛峻编著. —北京：中国
建筑工业出版社，2005
（小城镇水业及垃圾处理行业培训丛书）
ISBN 7-112-07778-8

Ⅰ. 政... Ⅱ. ①李...②高... Ⅲ. ①城市污
水-污水处理-政策-制定②城市污水-污水处理-政策-实
施③城镇-垃圾处理-政策-制定④城镇-垃圾处理-政策-
实施 Ⅳ. X70

中国版本图书馆 CIP 数据核字（2005）第 113129 号

小城镇水业及垃圾处理行业培训丛书
政策制定与实施
李 健 高沛峻 编著

*

中国建筑工业出版社出版、发行（北京西郊百万庄）
新 华 书 店 经 销
霸州市振兴制版公司制版
北京密东印刷有限公司印刷

*

开本：850×1168 毫米 1/32 印张：8¼ 字数：220 千字
2005 年 11 月第一版 2005 年 11 月第一次印刷
印数：1—3000 册 定价：**23.00** 元
ISBN 7-112-07778-8
（13732）
版权所有 翻印必究
如有印装质量问题，可寄本社退换
（邮政编码 100037）
本社网址：http://www.cabp.com.cn
网上书店：http://www.china-building.com.cn

随着城镇化进程的不断深入，我国城镇化水平日益提高。但规模小、设施落后的现状没有得到根本改变，仍存在着缺乏科学规划和合理布局等一系列问题。因此，政府部门根据本地区发展现状制定出合适的水业及垃圾处理行业政策，并对政策的实施实行监管尤显重要。本书共分八章，第 1 章为绪论部分，涉及了城镇化、水业及垃圾处理基础设施的现状与发展历程；第 2 章阐述了政府职能及其转变；第 3 章至第 5 章分别介绍了现行城镇基础设施行业政策、国家发展战略和行业发展方向，以及国外的经验；第 6 章和第 7 章论述了在市场经济条件下新型政策构建及政策实施；第 8 章列举了荷兰政府对水业及垃圾处理行业的监管。为了方便阅读，附录中还汇总了政策汇编及法规汇编。

＊　　＊　　＊

责任编辑：胡明安　姚荣华　于　莉

责任设计：崔兰萍

责任校对：李志瑛　关　健

小城镇水业及垃圾处理行业培训丛书
编　委　会

名誉顾问：武　涌

顾　　问（按姓氏笔画）：

王建清　吴庆元　张锡辉　肖德长　邹常茂

施　阳　栾　华　徐海芸　富文玲

Frits Dirks

主　　编：李　健　高沛峻

编　　委（按姓氏笔画）：

王　靖　孔祥娟　刘宗源　吴景山　张　兰

修大鹏　姚　培　郑　梅　高　巍　黄文雄

梁建军　戚振强　彭志平　葛永涛　廖　利

樊宇红　樊　瑜　戴建如　Jan Hoffer

Meine Pieter van Dijk

组织策划：北京恒益合建筑节能环境保护研究所

前　　言

　　我国现有约两万多个小城镇，这些小城镇在我国城镇化进程中扮演着吸收农村富余劳动力、带动农村地区经济发展、缩小城乡差别、解决"三农问题"等十分重要的角色。

　　我国政府向来非常重视小城镇的建设和发展问题，先后出台了一系列政策措施，鼓励小城镇的健康可持续发展。然而，随着人口的增加和社会经济的发展，小城镇在基础设施建设和运营方面出现了很多新问题，如基础设施严重短缺、管理能力和效率低下、生态破坏日趋严重等，这些问题都迫切需要我们认真研究解决。通过调查，我们发现除了政策和资金方面的问题之外，影响小城镇发展的关键是人才缺乏和能力不足，主要表现在：

　　（1）缺乏熟悉市场经济原则、了解技术发展状况与水平的决策型人才，尤其是缺乏小城镇基础设施总体规划、总体设计方面的决策人才。从与当地政府的沟通来看，很多地方官员对小城镇总体规划与总体设计的认知程度不够，对相关政策法规的执行能力不足。

　　（2）缺少熟悉现代科学管理知识与方法的管理型人才，如小城镇建设所需的项目管理、项目融资与经营方面的人才，缺乏专业的培训。

　　（3）专业技术人员严重不足，缺乏项目建设、运行、维护、管理方面的专业人员。在 16 个调研点中，有 1/3 的地方基本上没有污水处理、垃圾处理和供水设施运行、维护和管理方面的专业技术人员；1/3 的调研点在污水处理、垃圾处理、供水设施方面的专业技术人员能力明显不足。

（4）对政策的理解和执行力度不够。相比较而言，我国东部地区关于基础设施的相关政策已经比较完善，实际执行情况较好；而西部许多小城镇只有一些简单的地方管理办法，管理措施很不完善，对国家政策的理解和执行能力很弱，执行结果差异较大。

针对以上存在的问题，2002年12月5日，建设部与荷兰大使馆签订了"中国西部小城镇环境基础设施经济适用技术及示范"项目合同。该项目是中荷两国政府在中国西部小城镇环境基础设施建设领域（包括城镇供水、污水处理和垃圾处理）开展的一次重要的双边国际科技合作。按照项目的设计，项目设计的总体目标是通过中国西部小城镇环境基础设施的经济适用技术集成、示范工程、能力建设、市场化机制和技术政策的形成以及成果扩散等活动，促进西部小城镇环境基础设施发展，推进环境基础设施建设的市场化进程，改善环境，减少贫困，实现社会经济可持续发展的目标。

根据要求，我们开展了针对西部地区小城镇水业及垃圾处理行业的培训需求调研、培训机构调查、培训教材编制等几个方面的工作，以期帮助解决小城镇能力不足和缺乏培训的问题。

据调查，目前国内水业及垃圾处理行业的培训教材的现状是：一是针对某种专业技术人员的专业书籍；二是对于操作工人的操作手册。而针对水业及垃圾处理行业的管理与决策者方面的教材很少，针对小城镇特点的培训教材更是寥寥无几。

本丛书在编写过程中，力求结合小城镇水业及垃圾处理行业的特点，从政策、管理、融资以及专业技术几个方面，系统介绍小城镇水业及垃圾处理行业的项目管理、政策制定与实施、融资决策以及污水处理、垃圾处理、供水等专业技术。同时，在建设部、荷兰使馆的大力支持下，编写组结合荷兰及我国东部地区的典型案例，通过案例分析，引进和吸收荷兰及我国东部地区的先进技术、管理经验和理念。

本丛书共分六册：政策制定与实施，融资及案例分析，项目管理，垃圾处理技术，污水处理技术，供水技术。

本丛书可作为水业及垃圾处理行业的政府主管部门、设计单位、研究单位、运行和管理人员及相关机构的培训用书，同时也可作为高等学校的教师和学生的教学参考用书。

目　　录

第1章 绪 论

随着经济社会的发展，我国城镇化水平不断提高，自 1978 年以来，短短 25 年内城镇数量增长很快，其规模和速度均居世界首位。但从总体上看，我国城镇规模和设施水平普遍较低。

1.1 城镇化发展现状

建国前，我国绝大部分城镇规模较小、设施落后。建国后伴随着经济建设进行了大量的城镇建设，发展了一批重点工业城市和一部分大城市。实行改革开放以后，经济社会发展的大量需求、投资渠道的多元化、城市土地出让制度的实施等，促进了城镇的建设与发展。城镇的住房、公共设施、市政工程、园林绿化等有了很大改善。2003 年，全国城镇人均住宅建筑面积达 23.7m²，供水日综合生产能力 2.4 亿 m³，城镇污水日处理能力 6627 万 m³，城镇生活垃圾日处理能力 249153t。

纵观我国现有城镇，虽然比过去有很大的发展，但相当一批城镇基础设施落后的状况并没有根本改变。由于长期以来的认识不到位，指导思想有偏差，许多城镇没有处理好城镇建设、经济发展与环境保护的关系，城镇性质定位不准，产业结构和布局不合理，环保投入不足，特别是水业及垃圾处理建设始终比较滞后。往往旧的问题还没解决，又出现新的问题。总体上城镇环境污染仍比较严重。特别是城市，由于人口和产业高度聚集，水污染、垃圾污染、大气污染、噪声污染对城镇生态环境造成了严重危害，已成为制约城镇可持续发展的重要因素。

从小城镇发展来看，改革开放后，小城镇的平均人口规模和占农村总人口的比重有很大的增加，到 2003 年城镇人口总数达到 5.24 亿人；小城镇的平均占地规模由 1985 年的 41.6 公顷增加到 2003 年的 125.6 公顷，且呈逐年上升趋势。从小城镇数量来看，全国建制镇已由 1978 年的 2176 个增加到 2003 年的 20600 个。由此可见，小城镇所具有的城镇功能已得到显著增强。但与此同时，也存在着一些问题：

(1) 小城镇建设缺乏科学规划与合理布局；

(2) 小城镇工业布局分散，规模效益不高；

(3) 小城镇建设资金短缺，发展速度缓慢；

(4) 小城镇发展规模，不能满足人口聚集的需要；

(5) 户籍制度制约了小城镇发展；

(6) 土地制度不完善。

1.2 水业及垃圾处理基础设施建设现状

城镇经济的发展、人口的增长，带动了对城镇基础设施需求的迅速增长，也包括水业及垃圾处理基础设施的需求。自 1978 年以来，各城镇水业及垃圾处理基础设施，包括供水、污水处理、固体废弃物处理等等，逐年都有明显的改善。但其发展与该城镇或地区经济、人口的增长仍不能保持同步，城镇经济和人口的增长速度超过了水业及垃圾处理基础设施的建设速度。这就不可避免地造成了城镇水业及垃圾处理基础设施在不同程度上的过度使用，致使城镇水业及垃圾处理基础设施的边际产出效率急剧下降，造成了城镇环境恶化等多方面的负面影响。从表 1-1 中可以看出，1985 年以来，虽然我国城镇水业及垃圾处理基础设施在总量上有了很大的增长，但人均拥有量的增长速度则相对较慢。

我国水业及垃圾处理基础设施增长情况　　　表 1-1

年份(年)	1985	1990	1995	1996	1997	1998	1999	2000
生活用水量(亿 t)	51.9	100.1	158.1	167.1	175.7	181.0	189.6	200.0
增长率(%)	—	92.9	57.9	5.7	5.1	3.0	4.8	5.5
人均日生活用水(L)		175.7	195.4	208.1	213.5	214.1		220.2
增长率(%)	—		11.2	6.5	2.6	0.3		
下水道长度(km)	31556	57787	110293	112812	119739	125943	134486	141758
增长率(%)	—	83.1	90.9	2.3	6.1	5.2	6.8	5.4
平均每万人拥有(km)	2.7	3.9	6.0	6.0	6.1	6.3	6.7	6.8
增长率(%)	—	44.4	53.9	0	1.7	3.3	6.3	1.5

　　注：人均拥有指标按城市人口中非农业人口计算。

　　目前，我国城镇水业及垃圾处理行业存在的主要问题，包括：

　　首先，城镇水污染仍十分突出。随着城镇规模的扩大，城镇污水排放量持续增长。2003 年，全国工业废水和城镇生活污水排放总量为 460 亿 t，排放化学需氧量（COD）1333.6 万 t，其中城镇生活污水排放量为 247.6 亿 t（占总量的 53.8%），排放 COD 为 821.7 万 t（占总量的 61.6%），城镇河道成了纳污沟。大量生活污水直接排放使城镇水环境质量恶化。各大流域城镇河段都形成明显污染带。南京玄武湖、武汉东湖和济南大明湖等均为劣 V 类水质。太湖、滇池严重富营养化。很多城镇的饮用水源受到不同程度的污染。

　　其次，生活垃圾未得到妥善处置，严重影响地表水、地下水的环境质量。全国每年产生的 1.6 亿 t 城镇生活垃圾中，年清运量约 1.18 亿 t，仅有 60% 得到不同程度的处理处置，其中经过无害化处理的不到一半。每年有 7900 万 t 在城镇边缘、城镇郊区、江河沿岸露天堆放或简易填埋，由此引发了水源污染、水质下降、生物消亡及传染病流行等一系列问题，直接威胁着社会、经济的可持续发展。根据 2001 年、2002 年两次对全国城市和重点城市现有垃圾处理设施的调查发现，相当一部分"填埋场"未按技术规范设计施工，有的存在选址不当、没有铺设防渗层、渗滤液直排等问题；即便近几年新建成的填埋场，处理后的渗滤液排放超标也比较普遍。2003 年 4 月 46 个环保重点城市的垃圾处理设施情况如下：46 个城市共有 70 个处理设施，其中填埋场 56 个，堆肥厂 6 个，焚烧厂 8 个；然而，符合《生活垃圾填埋污染控制标准》（GBI 6889—1997）的填埋场仅有 7 个；一些中小型焚烧厂的工艺不科学，运行工况不稳定，且没有烟气净化装置，达不到《生活垃圾焚烧污染控制标准》（GB 18485—2001）。从检查结果来看，全国城市生活垃圾达到环保标准的无害化处理率不足 15％。三峡库区沿岸城镇长期将生活垃圾堆在江边，加剧了长江水质的污染状况。另外，各城镇第三产业、居民生活产生的各类废物都是混合收集的，部分医疗弃物等危险废物未经处置直接混入生活垃圾，成为传播疾病和污染环境的隐患。

2003 年，全国生活垃圾清运量为 14857 万 t，比上年增加 8.8％。其中生活垃圾无害化处理量为 7550 万 t，比上年增加 2.0％，生活垃圾无害化处理率为 50.8％。

1.3 水业及垃圾处理基础设施的发展历程

1978 年以前，在我国计划经济体制下，城镇基础设施被认为是非生产性领域，城镇建设没得到应有的地位，投入的城镇建设资金十分有限。1978 年第三次全国城市工作会议之后，各地、各部门认真贯彻中共中央、国务院《关于加强城市建设工作的意见》，恢复并加强了城市规划，重视了规划与建设计划的结合，使建设项目布局逐渐合理；城镇基础设施逐步得到了加强；47 个城市开征了"城市维护费"，以后逐步推广到其他城市。

（1）"六五"时期（1981～1985 年）

1）城镇建设实行统一规划、综合开发。

2）多渠道开辟资金来源，包括征收土地使用费、收取"市政公用设施配套费"和"城市公用设施增容费"。

3）开征城市维护建设税。

4）国家制定了产业政策。1985 年 3 月 15 日，《国务院关于当前产业政策要点的决定》中，明确了当前产业政策的原则和优先发展领域，将城镇供水、污染治理等设施的基本建设列入重点支持领域，以产业政策为导向，促进水业及垃圾处理的发展。

（2）"七五"时期（1986～1990 年）

1）加强技术改造。

2）改革城镇建设投资体制，扩大资金来源。

3）加快特殊城镇的投资建设。

4）加快集镇建设。

（3）"八五"时期（1991～1995 年）

1）城镇规划继续加强。

2）城镇市政公用事业作为第三产业，得到了加快发展。

3）重视政府对市场的调控作用。

4）征收城镇排水设施使用费。

（4）"九五"时期（1996～2000 年）

1）为应对亚洲金融危机的影响，党中央、国务院果断作出了"扩大内需、实行积极的财政政策，加强基础设施建设"的决策。这一政策的实施，加大了水业及垃圾处理的投资力度。

2）加快城镇供水价格改革，逐步按照市场经济的原则确定和调整市政公用产品和服务的价格。1998 年 9 月，原国家计委、建设部下发《城市供水价格管理办法》，明确了供水的成本、利润率和价格的组成及确定原则。

3）实施城镇市政公用设施资源性收费和补偿性收费政策，继续大力推行城镇市政公用设施有偿使用制度。各地先后开展了排污费、垃圾处理费等项目，逐步按照市场经济的原则，实行"谁受益，谁付费"和"谁污染、谁治理"的办法。

4）加强对基础设施工程质量的管理。

5）加快小城镇建设。朱镕基总理在第九届全国人大二次会议工作报告中指出，"加快小城镇建设，是经济社会发展的一个大战略。要制定支持小城镇发展的投资、土地、房地产政策。小城镇建设要科学规划，合理布局，注意节约用地和保护生态环境。"

1.4 城镇功能

城镇是个复杂开放的大系统，是一个人口聚集的社会。城镇又是一个物质的实体，这个实体由人造环境结合自然环境而构成，是满足人们各种活动、各种需要（包括审美需要）的物质基础，为人类大多数的重要活动提供平台。由此可见，城镇的功能包括：

（1）为居民所有的活动和需要提供适宜的条件；

（2）城镇的发展建设依赖于一定的资源，主要有土地、水资源、能源、材料、资金、人才等；

（3）城镇中处于动态的主要是人与资源的流动（交通），现代化城镇必须保持交通畅通，否则，轻则提高城镇的社会成本，重则危及城镇的"生命"；

（4）城镇排出大量污染环境的废气、废水、废物，必须得到有效处理，并做到合理回收与利用。

因此，城镇必须遵循可持续发展的原则，保证人口资源环境与社会经济协调发展。

概括而言，一个生态环境良好的物质实体城镇，需要有三个体系来支持和保证：一是城镇的物质技术基础（或称基础设施），是重要的支撑条件；二是城镇的防灾减灾体系，是重要的安全保障；三是城镇的管理体系，是重要的运营手段。

在传统体制和观念中，城镇中的水业及垃圾处理基础设施服务因为存在着规模效益明显、消费排他性低、沉没成本大、投资大而回收期长、自然垄断等特征，因而往往被认为由政府统一生产、供给和处理可以保证公平而有效率。但各国的实践证明，由于政府供给是以计划安排为主，缺少竞争，从而产生两方面的主要问题，一是这些政府性机构冗员严重、官商作风、服务拖延、投资浪费等问题普遍存在；二是过度依赖政府投资，受政府财政能力的限制，水业及垃圾处理基础设施服务的投资不足成为难以克服的障碍。

污水和垃圾在过去普遍被当成"废物"进行处理，而没有将其作为一种可以重新利用的"资源"来看待，因而这种处理不会产生任何经济效益，该行业也成为政府的一个很大包袱；实际上，污水和垃圾是一种未被充分利用的"资源"，将其作为"废物"看待是完全错误的，因为对污水和垃圾进行处理并加以有效利用，不仅可以减少对环境的污染，而且可以促进资源的循环利用，使污水和垃圾处理成为循环经济和可持续发展的重要组成部分。

第 2 章 政府职能及其转变

2.1 政府职能

2.1.1 市场经济体制改革历程

改革开放前,我国长期实行的是计划经济体制。国家对国民经济各行业的发展实行统一计划,大多数的经济活动都是按照政府及有关部门的计划进行的,企业是附属于政府的生产者,没有自主经营权。在这种前提下,企业的各种生产活动,包括污染治理都要经过政府的计划和组织来实施。从理论上讲,在实行有计划按比例发展的计划经济条件下,把环境保护纳入国民经济发展计划,并切实加以实施,可以预防和解决各种环境问题,使环境与经济协调发展。但是,实际上,计划经济并未能解决好发展经济和保护环境的矛盾,发展生产通常是政府的优先目标,加之企业不承担独立的环境保护责任,使我们付出了沉重的环境代价。

改革开放后,随着改革开放的不断深入,我国开始了从计划经济向市场经济转轨的长期过程。在这个过程中,市场经济和计划经济实际上是并存的,特别是 20 世纪 80 年代转轨初期,计划经济的色彩还相当浓厚。在这个转轨时期,伴随经济的高速增长,我国的环境问题也越来越突出。党和政府对环境问题非常重视,把环境保护作为一项基本国策,逐步建立了具有我国特色的环境保护的战略、政策、法律、法规体系。毋庸置疑,这些战略、政策、法律、法规体系不可避免地包含着计划经济色彩,比如政府和企业的环境责任划分不明确，政府的行政指令往往比法律、法规更有效等。

随着改革的深化，特别是党的十五大以来，社会主义市场经济在不断的发展，政府直接干预经济的功能在弱化，市场经济在经济运行中发挥了越来越大的作用。各种非国营经济在我国蓬勃发展，企业在更大程度上成为自主生产和经营的经济实体。随着市场经济的扩展，我国原有的一些环境保护的政策和制度已经不完全适应市场经济需要，需不断进行调整。

2.1.2 市场经济体制下的政府职能

（1）市场经济体制下政府的一般职能

现代市场经济无一不是政府宏观调控下的市场经济。但是，一国政府应如何调控经济，在经济运行中应发挥怎样的职能作用，这在不同的国家和不同的时期，是不相同的，它需要与各国的经济制度与经济管理体制、经济发展阶段、经济运行中的矛盾以及政府管理经济的目标等相适应。

纵观西方发达国家政府职能的演进过程，在二战以前，各国政府在其社会经济运行中只发挥"守夜人"的作用，然而，从20世纪20年代末到30年代初所爆发的席卷整个西方世界的经济大危机有力地证明了市场机制不是万能的，在社会化大生产条件下，政府不仅要很好的发挥"守夜人"的作用，更要在社会经济运行中发挥有效的调节和控制作用。因此，二战以后，以凯恩斯革命为标志，西方经济理论和实践都进入了国家全面干预时代。即：政府通过直接投资、经济立法、经济政策和经济杠杆等调控手段，对社会经济运行进行全面的调控。归结起来，除了社会管理职能以外，在经济管理方面，政府所发挥的职能主要有以下三个方面：

第一，为市场机制正常发挥作用提供必要的条件。如限制垄断，促进公平竞争；建立竞争规则，维护竞争秩序；调节货币供给和财政收支，实现国民经济总量平衡等。

第二，纠正市场机制作用结果。如通过实行社会再分配和社会福利保证制度，来减小市场分配所造成的两极分化程度，缓和劳资对立矛盾，稳定经济运行过程。

第三，弥补市场功能缺陷。如对市场失灵的部门和领域（公共产品生产和服务部门，自然垄断部门，重大科研与开发部门等）进行直接投资和控制，为社会经济运行提供支持条件。

（2）市场经济体制下我国政府的特殊职能

根据建立社会主义市场经济体制的内在要求，我国政府仅仅履行上述几项基本职能还远远不够。因为，西方国家实行的是以私有制为主体的经济制度，其政府经济管理职能是随着几百年的市场经济发展而逐步完善的，市场体系和经济法律制度比较健全，市场主体地位十分明确，市场机制作用非常充分。而我国实行的则是以公有制为主体的社会主义市场经济体制，在计划经济体制下所形成的政府经济管理职能与市场经济体制的要求极其不同，需要进行较大的转变。目前，我国的市场体系还不健全，市场主体还未全面形成，市场机制作用还不够充分。因此，要尽快地建立起社会主义市场经济体制，极大地发展社会生产力，我国政府就必须具备以下三方面的特殊职能：

第一，推动以市场化为取向的经济体制改革的职能。我国的经济体制改革能否成功，其关键在于政府对经济体制改革的驾驭能力和水平。政府能否通过深化改革，加速建立起统一、开放、竞争、有序的市场体系，全面地培育和发展自主经营、自负盈亏、自我约束、自我发展的市场主体，切实地推进政府自身改革，加快政府职能转变，尽快地建立起社会保障体系，这是我国政府在现在和未来一定时期内所必须承担的首要职能。在我国不断深化的经济体制改革中，如果没有市场体系和市场主体，就谈不上市场机制；没有社会保障制度，体制中的摩擦和震荡就要加大，社会经济运行中的不稳定因素就要增多。因此，我国政府现阶段的首要职能是成功地推动和驾驭我国的经济体制改革。

第二，管理庞大的国有资产，确保国有资产增值保值的职能。我国实行的是以公有制为主体的社会主义经济制度。我国的国有企业与西方的国有企业不同。它不是为了实现国家对经济的调控才作为一种直接调控手段而出现的。我国在计划经济时期建立起来的庞大的国有经济体系在过去是，在现在和将来也都将是我国的重要的经济基础，这是我国的经济制度所决定的。因此，随着国有企业战略改组和企业制度改革的深入进行，我国政府不仅要借鉴西方发达国家的经验，把少数特定的国有企业纳入宏观调控体系，作为一种直接调控经济的工具，用以调控社会经济运行，同时，还必须把大部分国有企业作为市场主体推向市场，并按照市场调节企业、国家调节市场的模式加以管理，确保国有资产保值增值。这是我国经济制度所要求的一项长期的政府基本职能。

第三，促进对外开放，控制国内平衡，提高国际竞争能力的职能。国内外实践已经证明，要加速我国经济的发展，就必须不断地促进对外开放，并在对外开放中，充分地发挥我国的优势。然而，我国是一个发展中国家，科学技术相对落后，国际竞争能力相对不足，国民经济的发展受外来经济的影响还很大。因此，我国政府在促进对外开放的过程中，要有效地利用各种对外经济政策手段和直接干预手段来支持和参与国际竞争，为各个微观主体参与国际竞争，提高国际竞争能力提供更有力的竞争条件。同时，要有效地控制国内外经济平衡，促进国民经济均衡发展。

综上所述，我国政府职能的界定，既要借鉴西方发达国家的经验，体现现代市场经济体制的基本要求，又要考虑我国国情，体现我国社会主义市场经济体制的特殊要求和转轨时期的阶段性要求。只有这样，所确定的政府职能才能促进社会主义市场经济体制的建立与完善，促进国民经济的健康发展。

2.1.3　目前我国政府职能存在的主要问题

改革开放以来，我国体制改革的一个显著成绩就是在市场经济条件下政府职能逐步健全和完善，尤其是在特殊产业，包括水业及垃圾处理行业的管理方面，颁布施行了多项经济法规，在防治环境污染、维护人类社会生存和持续发展条件方面取得了不小的成绩。毋庸置疑，政府职能部门的健全和完善，为捍卫和巩固经济体制改革成果，维护社会主义市场经济秩序，保护企业和消费者的合法权益，促进社会经济稳定健康的运行发展，推动和谐社会的建立提供了必要的制度保障。

但是，法治构架的基本建立，并不等于人治自动消失，也不等于法治机制和法治环境自然得到完善。相反，由于人治已经放松而法治又未完全到位，出现了不少管理真空地带，不仅旧体制中的不少弊端还在继续作祟，新旧体制摩擦问题也已大量显现。其带来的问题主要表现为：

（1）政府行政效率低下

由于职责不清、赏罚不明、体制不健全等原因，导致我国政府行政效率十分低下，主要表现在：办事拖拉、解决行政管辖范围内所发生事件的能力较差，常常出现出事后不知找谁管的漏管问题，甚至经常出现部门之间相互推诿、踢皮球现象。行政效率低下对人民生活、企业生产和整个社会经济运行发展的负面影响是显而易见的。

（2）政府机构庞大、人员臃肿

由于政府职能转变尚未完成，该由中介机构或社会承担的职能仍未放手，而加入世贸组织及市场经济建立等需要的新型职能导致我国政府机构庞大，人员臃肿，行政职能交叉或重叠，或形成新的权利真空。这一问题使行政经费开支居高不下，既相对占用不少用于社会福利开支和大型项目建设的资金，也增加了纳税人的负担。

（3）腐败

行政执法中的不正之风愈演愈烈，以权谋私、钱权交易等腐败现象屡禁不止，花样不断翻新，像以检查企业为名到企业"吃喝拿"，以服务之名行摊派、索要之实，将行政罚款当做机关或执法者个人创收的工具，等等，不一而足。特别是趁政府机构职能转变和国有企业改制之机，大搞权钱交易，造成国有资产严重流失。这些不良现象，严重影响了政府在人民群众中的形象和威望。

2.1.4 市场经济体制下政府行政的障碍分析

西方发达国家用了几百年的时间来调整政府与企业间的法治关系，还时常出现这样那样的问题。我国实施法治原则只有短短十几年时间，那么在政府监管企业过程中出现一些问题并不可怕，也不能回避，关键是我们应该正视这些问题，并下功夫挖掘产生这些问题的原因。出现上述问题不能归因于法治原则或体制改革，而应从旧体制延续、新旧体制摩擦和新体制尚未完善中找原因。主要有以下几点：

（1）"官本位"思想和"官僚主义"作风仍十分严重

长期以来，"门难进、脸难看、事难办"成了政府机关的通病。上级对下级是这样，机关对企业更是如此。由于职能部门工作人员和企业之间的交往比专业部门与企业之间的交往要少，相互间人事关系不熟，导致机关通病变得更加厉害。虽然经过多年的体制改革和观念更新，但在社会普遍意识中一直保留着计划体制下的观念，这就是普遍认为任何政府机关都是企业的上级，都可以领导和管理企业，企业则是下级，是被行政机关领导和管制的对象。行政机关为企业和社会服务的观念尚未真正建立。

（2）行政机关习惯于对企业进行行政管理

一方面，专业部门仍在继续用行政手段管理国有企业，行政机关干涉企业的正常经营活动和政企不分问题还依然存在，另一方面，部分职能部门利用行政手段（或准行政手段），将直接面对市场的企业划入"归口管理"的范围。企业没有上级就安排一个准上级、不受计划控制就安排一个准计划，总之，不能让企业处于"无人看管"状态，深怕出现"管理死角"，而对企业经营中出现的问题则漠不关心。一个"让守法者感觉不到政府的存在，让违法者感到政府无处不在"的社会环境尚未形成。行政机关市场经济下的角色尚未定位。

（3）经济法规落后

在我国，除了全国人大和地方人民代表大会之外，行政机关也能制订行政法规、法规实施细则和管理条例等。最近十几年来，我国先后颁布、修订许多部法律、法规、条例，对于解决"无法可依"的问题、维护社会经济秩序具有不可缺少的意义。应该说，这些法律、法规、条例基本上是合理的，反映了当时的管理需要。但随着时间的推移和改革开放的发展，那些体现计划经济管理思想和管理办法的条款变得落后于市场经济运行发展现实，有些已变成束缚企业经营权和市场经济的桎梏。另外，一些立法观念也需要更新，如有些立法者过多地考虑管理者的需要，而忽视了施行这些法律、法规、条例带给管理相对人的负担及可能产生的负效应。如果不更新观念，所颁布的法律可能从另一个角度限制企业的经营自主权，增加企业的负担。而针对新情况、新问题的立法也往往十分滞后，不能满足市场经济发展的需要。

（4）执法不严

与法律的严厉相反，执法不严、有法不依是行政执法中存在的大问题，这种行为践踏了法律的尊严，破坏了法律的严肃性。行政法一般给予行政执法者一定的自由裁量权，但这种自由裁量权并不意味着允许执法者可以根据自己的好恶和利害关系随意裁决，作出行政裁决应有充分确凿的事实根据。事实是执法的惟一根据。然而，在实际行政执法过程中，一些执法者往往错误理解并随意使用自由裁量权，有些裁决甚至超出自由裁量界限，甚至有一些徇私枉法者利用这一权力为自己谋取私利。常见的执法不严现象有以下三种：

1）违法不纠或从轻处理。出现这种情况或因执法者失误，或因执法者与相对人有良好关系或得到了相对人的好处。

2）宽严不一。即发生于不同相对人身上的同样问题，可以作出不同的处理结果。假定相对人为企业，那么处理结果如何，首先看企业的地位和名分，比如在大多数情况下，对私有企业的处罚比对国有企业的处罚要严厉，其次看企业与执法者的关系如何。

3）从重处理和超范围执法。执法者由于不喜欢相对人或者为了私利需要可能做出从重处罚相对人的决定，有的执法者甚至利用行政权威超范围执法。如果该相对人是企业，这个企业有无问题都有可能遭到罚款或被吊销营业执照等处罚。一些执法部门或执法者将自身造成的错误转嫁到企业头上，对社会造成严重影响。

目前，社会上普遍流行着这样一种看法，认为只有有后台或有关系的个人和企业才能赚大钱。拉关系走后门成了一些企业和个人谋利的手段。一方面，通过关系和后门可以找到市场以外的收益（或曰寻租）；另一方面还可以逃脱行政机关甚至司法机关的追查。

（5）对企业多头管理、多重约束

政府每个部门都有某种职权，每个部门同时行使职权就会出现对企业的多头管理，并且由于这些职权是相互关联的，如果有一个部门不予审批，所办事项就等于得不到整个政府允许，即使花费再多、努力再大也无济于事。多头管理和一票否决制度的结合，使企业处于各政府部门的严密包围之中。

如果政府部门之间发生矛盾，受害的不一定是矛盾双方，而可能是企业。比如有一家房地产开发公司，本来早在交纳土地出让金时就把污水处理费同时交给某个政府部门了，可是等到为办理开工证到市政管理部门盖章时，却遭到市政部门的拒绝，理由是钱未交给该部门。政府部门扯皮，殃及企业，企业办不下开工证就不能开工，由此造成的损失只能由企业承担。尽管我们国家已经颁布了《行政诉讼法》，但由于官官相护和法制环境不健全，利用法律保护自己的目的仍难以实现。

2.1.5 市场经济体制下小城镇政府行政的主要障碍

制约小城镇可持续发展的因素，既有资源方面，也存在体制方面。其中体制性因素占据着重要的地位，这是因为优越的体制能够弥补资源上的缺陷。近年来制度经济学的研究成果已经表明，制度对于经济增长是有重要的贡献作用。另一方面，体制因素的缺陷会抑制优越资源的发挥，上述分析的种种问题，其主要根源就是体制上的障碍。我国是人口大国，人均资源占有量少，在认识到资源这个客观制约因素时，更应通过制度创新、体制改革，克服障碍，促进小城镇可持续发展。目前制约我国小城镇可持续发展的体制因素主要表现在以下几个方面：

（1）行政等级化的城镇管理制度限制了小城镇的公平发展；

（2）小城镇政府行政管理体制不健全；

（3）土地制度设置不完善，阻碍了土地聚集和人口聚集的同步进行；

（4）小城镇基础设施建设缺少必要的金融支持；

（5）小城镇发展规划体制存在较大缺陷。

2.2 新型的政府行政职能

2.2.1 《行政许可法》及其重要作用

1998年以来，全国各地先后开展了行政审批制度改革的试点，通过取消行政审批项目，规范了行政审批程序，积累了一定经验，为《行政许可法》的出台奠定了坚实基础。2004 年颁布实施的《行政许可法》标志着我国政府行政职能的重大转变，该法遵循合法与合理原则，效能与便民原则，监督与责任原则的总体思路。

《行政许可法》规定了行政许可的六项原则：

一是合法原则；

二是公开、公平、公正原则；

三是便民原则；

四是救济原则；

五是信赖保护原则；

六是监督原则。

根据上述原则，《行政许可法》确立了行政许可设定制度、行政许可实施制度、行政许可的监督与责任制度，从行政许可的设定、实施以及监督与责任等环节对行政许可进行了全面规范，是我国在依法行政方面迈出的重要一步。《行政许可法》的重要意义如下：

（1）在加强能力建设，认真清理现行规章制度的同时创新管理方式

《行政许可法》要求必须从现有制度入手，研究制定推进政府管理创新的方案、措施、办法。一方面，按照《行政许可法》的规定，继续取消一批不该设定的行政许可事项，真正把政府不该管的事交给企业、市场、行业组织和中介机构，减少政府不必要的行政许可。另一方面，需要建立、完善适应社会主义市场经济体制的新的行政管理方式、机制，在继续加强政府经济调节和市场监管职能的同时，更加重视政府的社会管理、公共服务职能，切实把政府经济管理职能转到主要为市场主体服务和创造良好发展环境上来。

（2）加强有关配套的工作制度建设

《行政许可法》规定了一系列行政许可实施制度，其中许多

是对现行行政许可制度的重大改革。比如：相对集中行政许可权制度，"一个窗口"对外制度，行政许可的统一办理、联合办理或者集中办理制度，行政许可信息共享制度，听证制度，行政许可决定中的招标、拍卖制度，行政许可决定的公示制度等。这些制度许多都需要通过具体的工作制度来落实。

（3）以贯彻实施行政许可法为契机，全面推进依法行政

《行政许可法》要求从更深层次上促进政府职能转变、推进依法行政，以利于促进行政许可行为的规范化、法制化。通过贯彻《行政许可法》，进一步改进政府管理方式，提高行政效率，降低行政成本，形成行为规范、运转协调、公正透明、廉洁高效的行政管理体制，不断提高各级行政机关依法行政的能力和水平。

2.2.2 《行政许可法》实施对政府行政改革的影响

行政许可法，对行政许可的基本原则、行政许可的设定、实施行政许可的机关、实施行政许可的程序、行政许可的费用、对行政许可事项的监督检查和法律责任等作了明确的规定。这部法律的贯彻实施，对进一步深化行政管理体制改革，加快政府职能转变，形成行为规范、运转协调、公正透明、廉洁高效的行政管理体制，保障和监督行政机关有效实施行政管理，以及从源头上预防和治理腐败，都将产生积极的推动作用。

（1）行政许可法的贯彻实施，将加快政府职能的根本性转变

行政许可法通过确立行政许可的立法政策，严格限制设定行政许可的事项范围，规定了什么事项可以设定行政许可，什么事项不可以设定行政许可。在政府管理与公民、法人或者其他组织自主决定的关系上，确立了公民、法人或者其他组织自主决定优先的原则；在政府管理与市场竞争的关系上，确立了市场优先的原则；在政府管理与社会自律的关系上，确立了社会自律优先的原则。这些制度和原则对防止政府权力对社会经济生活和公民个

人生活的过度干预，培育社会自律机制，发挥行业组织、中介机构在社会生活中的作用，促进政府职能切实转变到经济调节、市场监管、社会管理、公共服务上来，都具有重要作用。

党的十六届三中全会指出，强化市场的统一性，是建设现代市场体系的重要任务。行政许可法通过对行政许可权作出规定，相对集中了行政许可的设定权，除全国人大及其常委会、国务院、省级地方人大及其常委会以及省级人民政府外，包括国务院部门在内的其他国家机关一律不得设定行政许可。行政许可法还规定，地方不得设定有关资格、资质的行政许可，不得设定企业或者其他组织的设立登记及其前置性行政许可，不得通过设定许可限制其他地区的商品、服务进入本地市场。这些规定有利于从源头上改变行政许可过多、过滥的状况，打破行业垄断和地区封锁，促进全国统一市场的形成。

党的十六届三中全会指出，形成以道德为支撑、产权为基础、法律为保障的社会信用制度，是建设现代市场体系的必要条件，也是规范市场经济秩序的治本之策。社会信用建设，政府守信尤为重要。行政许可法第一次以法律的形式确立了信赖保护原则，明确了公民、法人或者其他组织依法取得的行政许可受法律保护，要求行政机关对作出的行政许可决定要保持稳定，不得擅自撤销和变更已经作出的行政许可决定，给老百姓以明确的预期；行政机关为了维护公共利益，改变行政许可，给公民、法人或者其他组织造成财产损失的，要依法予以补偿。这对增强行政机关的信用，密切政府和人民群众的关系，具有重要意义。

（2）行政许可法的贯彻实施，将有力地推进依法行政工作

依法行政是政府运作的基本准则。有权必有责、用权受监督、侵权须赔偿，是依法行政的基本要求。对行政机关来说，行使权力的过程，也是履行职责的过程，权力与责任是统一的，享有多大的权力，就应当承担多大的责任。行政许可法对行政机关违法设定行政许可，对行政许可申请该受理的不受理，该予以行

政许可的不予行政许可，不该予以行政许可的乱予行政许可，只许可不监督以及监督不力的行为，都规定了严格的法律责任。这对确保权力与责任的统一，强化政府责任，提高政府责任意识，尽心尽职履行职责，具有重要作用。

全面推进依法行政，要求政府机关向社会公开行政管理运作的过程，包括行政管理的主体、依据、内容、过程以及结果，使公众依法通过各种途径和形式参与公共政策的制定与执行，管理国家事务和社会事务，管理经济和文化事业。行政许可法规定的设定和实施行政许可的公开原则和设定行政许可听取意见制度，实施行政许可的听取利害关系人意见的制度，不予行政许可的说明理由制度以及听证制度，监督检查中的举报投诉制度等，有利于保障公民对行政管理事务的知情权、参与权和监督权，有利于公民、法人或者其他组织积极参与管理，促进政府严格依法行政。

（3）行政许可法的贯彻实施，将促进行政管理方式的改进和行政管理水平的提高

按照行政许可法的规定，行政机关要将直接管理与间接管理、动态管理与静态管理、事前行政许可与事后严格监管、加强管理与提高服务有机统一起来，充分利用间接管理手段、动态管理机制和事后监督检查加强对经济和社会事务的管理，提高服务水平和效率，改变经济社会事务中一出现问题就求助于行政许可来管理的现状，有利于促进行政机关改变管理方式，创新管理机制。

行政许可法按照高效、便民的原则规定一系列方便申请人申请行政许可的制度和程序，简便、快捷的行政许可审查程序，相对集中行政许可权和办理行政许可的一个窗口对外、统一办理、联合办理或者集中办理制度，有利于行政机关树立服务意识，改进工作作风，提高工作效率。

（4）行政许可法的贯彻实施，将有利于从源头上预防和治理

腐败

　　行政许可法通过规定设定和实施行政许可的公开原则，要求行政机关事前公布行政许可的事项、依据、条件、数量、程序、期限以及需要提交的全部材料目录和申请书示范文本，申请人可以不到现场而通过信函、邮件等方式提出行政许可申请，并对行政许可事项相应采取招标拍卖、统一考试、实地检测等方式作出决定，增加透明度，减少了行政机关工作人员与申请人之间的私下接触，有利于防止行政许可过程中的暗箱操作、滥用权力，增强行政机关行政行为的透明度。

　　行政许可法规定实施行政许可原则上不收费，实施行政许可不得索取、收受他人财物或者其他利益，确保权力与利益脱钩；通过对设定和实施行政许可全过程各个环节的严格监控，有利于预防和制止行政机关利用行政许可"设租"、"寻租"，从源头上、制度上预防和治理腐败。

2.2.3　政府行政职能改革所面临的形势

　　（1）外部压力——世界贸易组织（WTO）的要求

　　我国已经加入了世界贸易组织（WTO），因此，政府行政也需要与国际接轨，WTO 的规则对我国政府行政提出了新的要求。

　　1）打破垄断，打破条条框框与地方保护主义；

　　2）改变其他与 WTO 不相容的政策。

　　随着我国综合国力的不断增强和国际影响的不断提高，以及与各国贸易和文化交流的不断增多，我国政府加入了越来越多的世界或地区性组织，发挥着越来越大的作用，签署的多边和双边条约也越来越多，这对我国政府的执政能力和方式却提出了新的要求。

　　（2）内在要求

　　1）市场经济体制改革对政府行政提出了新的要求

政府的职能由原来的直接管理转变为服务为主，监督为辅；

政府决策应建立在科学的基础上；

坚持透明、公平、公正的原则。

2）新时期政府行政的重要手段-政府管制

在市场经济条件下，政府面对市场经济微观主体行政的主要手段一般通过政府管制来实现，即政府行政机构通过法律授权，对市场主体的某些特殊行为进行限制和监督。特别是作为自然垄断和存在信息偏差的公用事业领域。

市场经济条件下政府管制的目的是为了防止发生资源配置低下和促进利用者的公平利用，政府机关用法律权限，通过许可和认可等手段，对企业的进入和退出，价格、服务的数量和质量，投资、财务会计等行为加以规范。政府可以采用的管制形式、手段是多种多样的，可以管制价格、市场的进入和退出、服务标准等。公用事业特许经营就是一种特殊的规制合同。在公用事业行业，竞争是市场经济的核心，规制是为了在市场机制存在缺陷的情况下维护竞争性及非竞争性采取对其活动进行的限制（如法律、政策制度等），目的是为了防止无效率的资源配置，公平分配，促进经济稳定增长，满足需求者的公平利用。

2.2.4 政府职能改革的方向

根据《行政许可法》以及政府管制理论的要求，政府行政职能转化的重点是政府管理企业的方式方法应做相应调整，如果说在变化前主要用行政手段的话，那么变化后则应主要用法律手段。

适应社会主义市场经济的客观要求，实现政府经济职能从传统的管理模式向社会主义市场经济模式转变，要求政府必须在以下几个方面进行改革：

（1）调整国有经济结构，为政府职能的转变奠定产权基础

为了保障市场经济的顺畅运行和社会整体福利的提高，政府

必须履行某些经济职能，而其中有些职能是需要通过建立国有经济来实现的，因此，国有经济、国有资产和国有企业应主要分布在政府职能领域。但我国目前国有经济的实际分布与政府职能存在明显产业布局错位、企业布局错位和资本结构错位等问题。政府之所以要对企业实施干预，有两个基本原因：

一是作为社会的管理者，政府必须对企业的行为实施某些规制，这在世界各国都是存在的，对国有企业与非国有企业都是一样的；

二是政府作为国有资产所有者的代表，以所有者的身份对国有企业实施干预，以履行所有者的职责。

因此，当国有资产广泛分布于中小企业时，由第二种原因导致的政企不分就难以从根本上避免。从这种意义上讲，缩小国有资产总规模，调整国有经济结构，是实现政企分开的前提。如果国有资产从竞争性领域和中小企业退出，基于产权关系的政府干预就会大量减少，这时政府主要以社会管理者的身份即第一种原因，对企业的行为进行规制，在二十多年的改革历程中政企不分这一顽症便迎刃而解。因此，压缩国有资产总量、调整国有经济结构，是政府职能转换的产权基础。

（2）进一步改革和完善财税体制，强化宏观调控职能，继续推进分税制改革

新的分级财税体制在许多方面取得了突破，是我国规范各级财政行为的具有历史意义的起点。但是也应当看到，新体制在运行过程中出现了一些不容忽视的问题：下级政府为争取较多的上级政府财政补贴，要花费大量精力、时间或其他资源，政府系统内部的"公关工作"增多了；地方政府没有债券融资的授权，有的就变相债券融资或借贷融资，通过地方融资机构在境内外发债或拆借资金；一些财政收入不足、上级财政补贴不足、无力变相发债或借钱的地方政府，往往利用手中职权向社会强行摊派或收费，结果不仅加重了社会成员的负担，而且影响了政

府的声誉，扭曲了政府职能。因此，必须对现行的体制进行必要的改革：

1）允许地方政府发行债券，处理地方财政收支不平衡问题。

2）逐步减轻对交易征收税费，规范行政行为、促进交易和生产活动的繁荣以及收入的增长。但前提是要坚持收费的部门机构应考虑使其脱离行政系统，转变成为普通民事机构。因为政府收入主要来自税收，而收费性活动则可交给一般民事机构去进行。

3）加大财税信息披露力度，增加国家宏观经济政策及其执行的透明度。

4）完善政府采购制度。

（3）合理确定政府职能范围，通过机构改革，切实实现政府职能转换和政企分开，分解现有政府职能，使政府更专注于自己的应尽职责

把现有政府职能中本应由政府行使的部分独立出来，同时把分散于企业等经济主体并由其代行的政府职责（如企业办医院、学校、养老等）转移到政府手中。对诸如维护社会治安、司法公正、加强监管和规范市场竞争秩序、建立社会保障制度、调节宏观经济等核心职能加以强化，把一些不应由政府行使的职能从政府中分离出来。具体可按以下几类加以处理：

一部分职能（如带有行政垄断性质的行业管理职能、行业监督和市场制约职能）转交给行业协会、中介组织行使，行业标准、行业规划、行业行为约束可以交给行业协会或行业自律组织，企业会计信息和部分财务监管可以交由会计师事务所、审计师事务所负责，资产评估可由资产评估事务所进行，经济纠纷处理及仲裁等事务可交由律师事务所和仲裁机构处理。

一部分职能（如项目决策、政府审批、企业的兼并重组和自由竞争等）转移给市场或借助市场实现。在现有政府职能中，有一部分属于企业的经营自主权，应通过建立公司法人治理结构还

给企业，主要包括政府代替企业行使的投资决策权、资本运营权、经营者选择权和收益分配权等。

（4）加快建立社会保障体系

随着我国经济体制改革的深入，建立社会保障体系已显得十分紧迫，已经引起了中央的高度重视。从党的十四大以来，党和政府一直积极谋划，但进展较慢。为了保证社会的稳定、国有企业改革的进一步深入和国民经济的健康发展，有必要建立一个由税务部门征收、劳动部门统筹、财政设专户列支、银行全程支持、个人按时领取的覆盖医疗、养老、失业、救济等全方位的综合保障服务体系，这样的体系是收支完全两条线、完全社会化的。

2.2.5 推进小城镇行政管理职能改革的研究

进一步推进行政管理体制改革，减少行政手段的使用范围，扩大法律手段的使用空间，为全面实现法治的前提条件——这也正是解决现阶段政府与企业关系中所存在各种问题的根本手段。结合小城镇自身的特点，本书对推进小城镇行政管理职能改革提出了以下建议：

（1）端正公仆思想，克服官僚主义

在全社会广泛宣传政府是由纳税人供养的公共服务机构，公民与公务员地位平等等基本法律常识。小城镇的公共服务机构，区别于省、市（地）的政府机关，一方面担负着贯彻实施上级部门法规、政策的重要职能，另一方面，也是政府服务社会的最基层窗口。为体现主体平等关系和法治原则，各个政府部门，应该是为纳税人服务的场所，是国家对社会公众全面服务的场所。政府部门作出任何行政决定，处理任何行政事务，都应有法律依据和事实根据，并向当事人解释清楚。对以粗暴态度对待企业和公民的政府工作人员，应给予严厉的批评和处分。

（2）规章制度的清理和修订

国家的法律法规、上一级的规章制度，只能从宏观上约束本地区的生活和生产活动。对小城镇而言，对已在当地执行的规章制度、政策进行全面清理、评判，重点整顿各部门各地方颁布的行政规章制度，该废止的废止，该修订的修订。各地在新立或重新修订规章条例时，不能只考虑执法者的需要，还应考虑它给公民、企业和其他社会组织带来的负担，更应考虑该法律、法规、条例的正面效果和负面效应，并应进行社会效果和经济效益与法律实施成本对比分析。

（3）继续加强国有企业改革

我国长期以来没有完全解决的国企问题，主要集中在小城镇（市郊区）。小城镇的政与企之间的矛盾相对激烈，这些地方的政府主管部门直接控制着大多数的国有企业，如很多地区的建委直接控制着当地的设计院、房地产开发公司、垃圾处理公司等。因此，推进国有企业改革，就需要从小城镇（市郊区）的国有企业入手，减少专业部门对国有企业的行政管理，实现政企分离。一方面使企业直接面向市场，提高了企业运行效率，减少了行政干预；另一方面，对职能部门使用行政、准行政管理措施的问题进行清理，促使职能部门真正用法治原则来管理企业。

（4）减少部分管理程序，变审批为备案制度

小城镇的政府部门是面向纳税人的基层公共服务窗口，现行的很多审批或登记手续，有些程序是可以简化的；有些审批程序可以转变为备案制度，如公安局在办营业执照前审批可以变为企业办完营业执照后到公安局登记备案。

（5）推行政府集中办公方式

如浙江省某市政府把与企业有关的主要政府职能部门集中在一起办公，这种做法方便了企业、提高了政府工作效率、增加了各部门之间的协调、促进了勤政廉政建设。该措施一推出，就受到社会各界的关注和好评。这是在未动摇原行政体制架构情况下的政府职能的转变，它为进一步进行行政体制改革，为精简机

构、裁减冗员迈出了坚实的一步。

（6）实施小政府大社会

小政府、大社会符合行政体制高效、经济的原则，是行政体制改革的目标。广东的顺德市在这方面做出了有益的探索，它们探索的成功，表明小政府、大社会的目标是能够实现的。麻雀虽小，五脏俱全，现阶段我国的小城镇普遍存在部门臃肿的问题，当然这也体现了小城镇作为基层服务部门的特点。但是，按照小政府、大社会的原则，随着市场经济体制改革的深入，应当继续撤减专业部门，在条件成熟时，也要对职能部门进行精简、消肿。有些部门可以撤销，有些部门应予以压缩，有些部门则可转化为社会中介组织。而对一些新出现的管理真空，或需要提供的新型公共服务，则应成立相应的机构予以实现。

（7）加强行政执法监督

孟德斯鸠在研究行政权力时指出："一切有权力的人都容易滥用权力，这是万古不易的一条经验。"防止滥用权力的办法，就是以权力约束权力，社会主义国家是人民的国家，政府是人民的政府，人民有权而且应当监督自己的政府正确行使行政权力。

1）加强行政透明度。行政公开是第二次世界大战以后各国行政发展的新趋势。在保守国家机密和不妨碍个人隐私权的情况下，行政机关本身、行政决策程序和重要行政活动应尽可能公开，允许公民、企业或其他社会组织知悉并取得行政机关的档案资料和其他信息。

2）建立健全监督体系。除了应加强组织监督、行政机关内部监察、监督和检察机关监督外，还应为公民、企业、新闻媒体和其他社会组织的监督提供通道，创造制度条件。

3）行政机关应加强集体决策。凡进行重要的行政决定，均应严格依照行政程序，在民主集中制的基础上产生。以防止少数机关工作人员滥用行政职权，减少行政行为失误。

4）加强事前登记管理和事后监督，减少事中检查。

5）建立健全行政责任追索制度。行政机关及其公务人员失职、渎职、违法或执法不当，应当追究责任。如果给公民、企业或其他社会组织造成损失者，应当首先赔偿相对人的损失，随后，还应当对行政机关负有直接责任和领导责任的行政工作人员进行处理，违反法律的应追究当事人的法律责任。

2.3 政府行政的主要手段——政策

2.3.1 政府行为

政府行为的主要经济职能表现为在社会经济发展过程中对经济活动的计划、调节与实施。政府行为的实施范围和程度是由一定时期政府经济职能和经济体制模式决定的。由于不同国家根据其经济发展水平和条件不同形成了世界范围内在以市场机制为基础的各种市场与政府相结合的调节经济运行的不同模式。对不同的调节经济模式在实践中相互比较得出的基本经验是：市场机制的无形之手和政府行为调节的有形之手都需要，但都有缺陷。关键是如何在两者之间实行互补并产生合力，主要矛盾焦点是如何有效地实施政府行为。

在我国，虽然社会主义市场经济体制已初步建立，但健全的市场经济体制尚未形成，政府运用计划等宏观调控手段弥补市场的缺陷和不足，是经济健康、协调和快速发展所必须的。市场经济体制的发展和完善，绝不是从总体上弱化政府行为的过程，政府行为实施也并非是对市场经济的基础调节作用发挥的限制。

（1）必须正确认识和解决好政府与市场的关系

这是市场经济条件下政府行为是否应当发挥作用，在多大程度上发挥作用，在哪些领域发挥作用的前提。现代市场经济实践已充分证明，政府与市场作为经济协调方式的一对矛盾，既相互对立，又相辅相成。市场出现失灵可以依靠政府加以治理，但政府不能做到完全地根治所有市场产生的失灵，在较多的情况下，市场机制不能解决的问题，政府行为也并不一定能解决。在经济运行中市场与政府的矛盾起基础调节作用的仍然是市场，政府主要是根据市场的基础调节作用的实际状况，从社会经济发展和客观经济环境千变万化的不同条件出发，不断地决策采取何种政府行为及政府行为干预的程度，以此调整市场与政府的关系，以求真正实现经济运行中市场与政府的有效整合。

我国现阶段的市场经济体制是基本属于政府主导型的市场经济。政府部门和政府官员们对社会经济的运行仍有极大的干预权力。长期计划经济形成的习惯思维定式，难以在较短时期内得到克服，还不能真正地做到用市场经济手段来管理和干预市场，政府行为对经济干预不当，举措失宜，不能校正市场的某些失灵行为，甚至阻碍和限制市场功能正常发挥，这些现象在地方各级政府行为中是有表现的。由此就决定了在市场经济体制的发展和完善中，正确认识和处理好经济发展中市场与政府的关系，仍然是一个亟待解决的理论与现实问题。

（2）确定政府行为干预的范围

政府行为干预经济的目标和干预效果，在于使市场机制更有效地发挥作用，而不是阻碍市场机制的作用。为了确保政府行为干预的有效性，就必须首先确定政府干预经济的范围，以此摆正在市场经济条件下，政府对市场经济的某种干预所扮演角色的合理定位。

通过市场经济运行的实践所得出的一般结论是：政府调节经济的行为或政府在市场经济中的有效作用发挥，比较适合于社会领域而不完全适合于经济领域的活动，即使在经济领域，它也是比较适合于宏观领域而不适合于微观领域。因此，政府对市场经济运行的干预，或者说，必须把政府的经济活动，特别是生产性活动干预限制在最小的范围内。对政府行为干预的范围，应以适应市场经济的发展要求为前提，有进有退，有所为有所不为，解决好在市场经济下目前仍存在的政府在经济运行中的"既越位，又缺位"的问题。要真正按市场经济发展的内在要求，并正确把握和认识市场经济的特点和规律，去发挥政府职能和实施政府行为，集中精力和财力管好政府应承担的职能，这对于市场经济的完善发展，特别是对于国有企业改革攻坚中目标的完成，对于政府成为市场经济中有效率的政府具有直接现实意义。

（3）采取有效的政府行为干预方式

政府行为干预经济的方式，主要是针对经济运行中市场机制的缺陷而实施的。政府行为干预所起作用不是弱化市场作用，更不是要取代市场的作用。政府行为干预经济的作用是否有效在于维护和促进市场机制的有序进行。从政府和市场两种调节方式关系上，政府干预机制和市场机制有机结合，决定了政府行为对经济的干预，应当主要采用经济的手段，即更多地要通过宏观的财政政策、金融政策和价格政策等调整市场主体的经济行为，使市场机制顺利健康地运行。在市场经济体制仍不完善的现实经济中，在必要的情况下采用适当的行政措施干预也是必须的。但是随着市场经济的发展逐步完善，也要求把市场机制引入到政府行为，逐步掌握和熟练地运用市场经济手段调控市场，这也是改革政府管理体制的途径之一。

（4）加强对政府调控行为的监督和约束

市场经济是法制经济，法制是市场经济发展的内在要求，没有法制作保障，就没有健康的市场经济。政府对经济调控所发生的政府行为，必须符合法定的解释。

其一，政府行为对经济干预必须纳入法制轨道。政府行为要依法实施，以解决政府行为的不规范性和随意性。

其二，对违反法律、法规和规章的某些政府行为，也必须依据法定程序进行追究，以增强法制的约束力。

其三，对政府行为要进行有效的监督和约束。

政府行为调控和干预经济的权力是客观存在事实，如果缺乏对政府行为必要的监督，政府公务人员就极有可能将手中的某些权力市场化，以此寻租来换取"租金"。这既损害了政府机构的形象，在经济生活中又容易扭曲资源的配制机制，抑制了市场的公平竞争，在政治上则又是导致政府公务人员腐败的一个重要原因。加强对政府行为的监督和约束，必须提高政府行为对经济调控权力的公开度和透明度，把政府行为干预的权力置于制度、规范的社会综合约束机制之下。以此强化政府经济职能的法制建设，使政府行为在市场经济条件下，向廉洁、高效的目标健康发展。在市场经济下优化和规范政府行为所要追求的目标之一，是在政府职能转轨的同时提高政府机构效率。政府行为调节经济存在"失效"的原因是多方面的，在现实经济生活中表现之一，就是政府机构效率比较低。与政府行为相比较而言，市场机制在资源的配置上，在调节经济运行过程中，主要通过市场中的价格机制引导市场主体把投入成本和效益联系起来。不管市场机制如何存在缺陷，市场行为的出发点或前提，总是依据价格机制来确定和实施某种商品的生产行为和交换行为，并努力追求达到利益取向的最大化。市场机制所反映的效率是十分明晰的。

　　(5) 政府行为的特点

　　政府行为对经济调节和干预无论采取何种手段，所涉及的领域主要侧重于宏观层次（当然地方政府行为干预也涉及中观和微观层次），所反映的效率考核和认同又不是单一的，有多种因素决定对政府机构及行为所产生的效率评价。

　　其一，在现代市场经济极其复杂并且始终处于运动变化的体系中，政府行为在决定实施某种行为时为取得客观的现实依据，虽然付出了一定的成本，但所获取的信息难以达到完全真实，甚至得到可能是虚假的信息，从而直接影响了政府行为干预经济的预期效果。

　　其二，政府活动具有的公共性所决定的政府行为，与市场行为或机制最大不同点在于政府行为的收入和支出是分离的。由于收入和支出的分离，就产生了收入和成本之间缺乏价格因素影响的必然联系，使政府行为对经济干预调节效益很难作出有效的衡量，使政府行为缺乏有效地降低成本、提高效率的机制。

其三，在现代市场经济中，政府对经济的调节和干预不是削弱，而在于如何与市场机制有机结合。

2.3.2 政府履行经济职能的主要手段

政府在实行社会主义市场经济体制，发挥市场的主导性、基础性作用的同时，为了保证社会主义基本制度，发挥政府经济管理的指导性作用，一般通过经济手段、法律手段和必要的行政手段。在社会主义经济体制和法制环境不断完善的条件下，制定科学、合理的政策体系成为政府履行经济职能的主要手段。

(1) 政策及政策科学

简单而言，政策是个人、团体或国家、政府在具体情境下的行动指南或准则。通常的概念中，政策往往是政府及其有关管理部门颁布实施的行动准则，即公共政策。

广义的政策不仅包含上述规范与指导通常领域的行动的公共政策，还包含一种指导如何制定政策的政策，即元政策。这种政策是规范与引导政府政策制订行为本身的准则或指南，是一种全面考虑的分析问题的方法。即在分析问题中，不仅要运用定量知识，也要运用定性知识，不仅要包括能够明确表达的知识，也要包括不能明确表达的知识。这里的政策实际上是一种方法，是研究分析问题的政策，是分析政策的政策。

(2) 制定政策的目标

政策是为了国家或地区经济社会发展而制订的指导性路线、方针和发展目标和实施方案。国家或地区制订政策一般都需要设定发展目标，即某一时点某一区域或行业的蓝图。发展目标一般包括经济、技术、社会、环境、管理等几个方面，目标之间应具有一致性、相互配套、相互促进。

经济目标：如国民生产总值、人均国民收入、经济增长速度、劳动生产率、生产能力和规模、产品产量、产业结构等。

技术目标：如技术水平、装备水平、人力资源开发、技术进步贡献率等。

社会目标：如人口指标、人口自然增长率、就业机会、公平分配、扶贫、社会保险、医疗卫生、教育水平、文化宗教等。

环境目标：如污染治理、生态平衡、环境质量、可持续发展等。

管理目标：如体制改革、组织机构、管理制度、人员素质等。

2.3.3　政策的功能

我国现行政策主要有以下功能：

（1）综合协调平衡功能

政策的制定和实施，要通过中央与地方、政府与企业和社会各界的对话、交流形成共识，统筹兼顾、综合协调各方面的经济利益，从而妥善处理国家的长远、全局的目标和短期的、局部的目标之间的关系；保持经济社会的稳步发展，促进经济结构优化、提高国民经济整体素质和效益，综合协调生产、建设、投资、消费、进出口之间的平衡关系，协调各产业、各地区经济的发展，协调国家重点建设的资金来源和投向，从而实现国民经济主要比例关系的基本平衡，以保证经济和社会发展战略、目标、任务的实现。

（2）信息引导功能

国家、部门、地方的相关政策，集中展示了政府对未来国内外经济发展环境、趋势的分析判断和预测，提出经济和社会发展战略、目标、产业结构和区域经济结构调整优化的方向、路线和思路。必然会通过各种渠道扩散、渗透到全社会。这就为微观经济主体在市场竞争中自主进行生产、经营决策提供了最具有权威性和整体性的经济环境和政策信息,因而对全社会的经济活动具有极其重要的信息导向功能。

(3) 导向调节功能

政策是国民经济和社会发展计划的重要内容。随着政策的基本性质转变为指导性,大大简化和淡化了计划经济条件下的数量指标,强化政策性的导向性和调节性。经过政策的导向和综合协调,即对全社会经济活动具有重要的指导意义,又规范了经济主体的行为,激励、诱导其行为符合国家宏观经济目标和总体要求。

(4) 引导资源配置功能

在社会主义市场经济条件下,计划不应当代替市场对资源配置的基础性作用。但国家仍有必要通过政策等手段对其直接掌握的公共资源进行计划性的配置,引导、带动全社会资源的市场配置,以弥补和校正市场的短期性、波动性、盲目性,或起示范作用。国家集中掌握的公共资源有:财政预算资金和其他财政性资金,政策性金融等。

2.3.4　政策制定的依据和原则

(1) 政策制定的依据

要以邓小平理论和党的基本路线、方针为指导,按照"三个代表"的思想和要求,全面估量、正确判断、科学预测国内外经济形势和发展趋势,在深入调查研究、广泛听取社会各方面意见、综合协调各种经济调节手段的基础上,根据经济和社会发展战略、任务、宏观调控目标,提出政策措施。

(2) 政策制定的原则

1) 遵循自然规律和经济规律,增强政策的科学性,体现社会主义市场经济的要求,突出政策的宏观性、战略性。

2) 正确处理改革、发展、稳定的关系,把握好改革力度,发展速度和社会承受能力。

3）保持经济健康发展，使建设规模与国力相适应。

4）促进经济结构优化，依靠体制创新和科技创新，积极推进经济增长方式和经济体制的根本改变，实现可持续发展。

5）政策目标既要体现抓住机遇，加快发展的精神，又要积极可靠、适当留有余地，充分发挥各方面的积极性。

（3）政策制定的程序

1）地方政策制定的程序

根据地区实际情况，结合发展规划，组织专家进行实际调研，编制政策咨询方案；

根据专家咨询方案，组织利益攸关者参加听证会、民意调查；

根据听证会的结果，修改完善政策建议；

提请相关部门审批、发布政策。

2）国家政策的制定，需要履行以下程序：

根据国情，结合发展规划，组织专家进行实际调研，编制政策咨询方案；

根据专家咨询方案，按照上述程序组织在全国范围内不同地区的试点；

通过试点的经验总结，组织专家评价；

根据专家的建议，修改完善政策建议；

提请相关部门审批、发布政策。

第3章 现行城镇基础设施行业政策

3.1 现有城镇基础设施政策及存在的主要问题

对可持续发展与经济政策的演进作概述，总结现有水业及垃圾处理的主要经济政策支持。在此基础上，分析现阶段我国城镇市政设施领域存在的主要政策性问题。

3.1.1 可持续发展与经济政策的演进

鉴于历史和现实的原因，可以把我国的可持续发展与经济政策结合的过程分为两个部分进行阐述和分析，即环境保护与经济政策，可持续发展战略与经济政策。

（1）环境保护与经济政策

我国在把环境保护纳入经济计划方面进行的尝试比较早。从"六五"计划开始，已将资源节约和综合利用、环境保护纳入计划。从"七五"计划开始，政府将促进社会、人口、资源、环境和经济协调发展的国土规划作为计划的重要组成部分，并强调资源节约和综合利用计划，强调节约能源，提高能源效率，节约原材料；有利提高废物资源化水平。这些在很大程度上减轻了国家的资源开发强度和环境的污染。

从1992年起，国家正式将环境保护纳入国民经济和社会发展年度计划，环境保护得到了国务院各部门和各级政府的重视，推动了经济与环境的协调发展。

1994年9月15日国家计委、国家环保局共同制定了《环境保护计划管理办法》。这个管理办法规定："制定和实施环境保护计划的目的是为了保证环境保护作为国民经济和社会发展计划的重要组成部分参与综合平衡，发挥计划的指导和宏观调控作用，强化环境管理推动污染防治和自然保护，改善环境质量，促进环境与国民经济和社会的协调发展"。"环境保护计划实行国家、省（自治区、直辖市）、市（地）、县四级管理。各级计划行政主管部门负责组织环境保护计划的编制、参与国民经济综合平衡、下达和检查工作；各级环境保护行政主管部门负责编制环境保护计划建议，并监督、检查环境保护计划的落实和具体执行；各级有关部门根据计划和环境保护行政主管部门的要求，编制并组织实施环境保护计划"。"环境保护计划内容包括：城市环境质量控制计划；污染排放控制和污染治理计划；自然生态保护计划以及其他有关的计划。环境保护的计划期与国民经济和社会发展计划期相同，分五年计划和年度计划"。国家环境保护计划以宏观指导为主，计划的内容、指标体系和编报的格式由国家计划委员会会同国家环保局统一制定；地方环境保护计划除应包括国家环境保护计划的内容外，还应包括相关的环境治理和建设项目，并根据具体情况适当增加必要的内容和指标。这个决定已经突破了以往的单个部门的决策，实行由计委和环保局共同决策的决策方式。

　　"九五"期间，我国将基本建立资源管理和保护的法规体系，初步实现资源的合理利用；力争自然生态破坏和环境污染加剧的趋势得到缓解，部分重点城市的环境质量有所改善，资源、环境和经济、社会的发展逐步走上协调发展的轨道。为实现这一项目，国家提出 8 项资源环保措施：

　　1) 将各项可持续发展政策、措施纳入各地区、各部门的发展计划，在发展经济中保护环境，并提高全民族的可持续发展意识。

　　2) 合理开发利用和保护国土资源，包括强化农田、水资源、矿产资源、海洋资源的管理。

3）建立生态破坏限期治理制度，制定生态恢复治理检验和验收标准；进一步推广生态农业工程建设；加强物种保护。

4）凡是采用落后工艺、布局不当、污染严重的工业项目，各级政府一律不得批准建设；开发推广先进的环保设备和能源利用技术；坚持污染者付费的原则。

5）完善资源开发补偿的合理征收和使用；把自然资源和环境纳入国民经济核算体系，使市场价格准确反映经济活动造成的环境代价；对环境污染治理、废物综合利用和自然保护成效明显的项目，给予优惠政策；逐步淘汰能耗高、污染重的工艺、装备和产品。

6）重点防治能源、化工、冶金、建材和轻纺工业的污染；集中力量优先治理一批污染严重、群众关心的项目；安排一批环境保护重点工程和示范工程建设。

7）选取必要的政策措施和调控手段，促进和监督污染企业增加治理投入；水土保持、荒漠化治理资金以地方投入为主，国家基建、财政和农业综合开发、以工代赈资金继续利用于重点区的建设，兴建与此相关的项目；国家开发银行列出专款，用于跨地区、流域性和影响全局的重大环境治理工程和技术示范工程；创造条件，争取海外资金技术的投入。

8）继续扩大环境和发展领域的国际合作，认真参与国际公约的谈判，维护我国的权益。

环境影响评估立法是把环境保护纳入经济计划的前提。为了实现这一目标，1996年夏，国务院在《关于环境保护若干问题的决定》中明确指出："在制定区域开发、城市发展和行业发展规划，调整产业结构和生产力布局等经济建设和社会发展重大问题决策时，应当综合考虑经济、社会和环境效益，进行环境影响论证"。

2002年10月颁布实施的《中华人民共和国环境影响评价法》，要求对规划和建设项目实施后可能造成的环境影响进行客观、公开、公正的分析、预测和评估，提出预防或者减轻不良环境影响的对策和措施，进行跟踪监测的方法与制度。该法的颁布为实施可持续发展战略，预防因规划和建设项目实施后对环境造成不良影响，促进经济、社会和环境的协调发展提供了法律依据。按照该法的规定，建设项目的环境影响报告书应当包括下列内容：

建设项目概况；

建设项目周围环境现状；

建设项目对环境可能造成影响的分析、预测和评估；

建设项目环境保护措施及其技术、经济论证；

建设项目对环境影响的经济损益分析；

对建设项目实施环境监测的建议；

环境影响评价的结论。

到目前为止，环境保护与经济政策的结合已经取得了重大的进步。最为明显的标志是把环境影响评估引入经济政策和经济建设项目的评估。这个时期的环境保护与经济政策的结合工作存在一系列的问题，需要通过制度的建设来完善和加强。这包括：

第一，缺乏部门之间的协商与合作制度。这个时期的决策是建立在部门利益、中央与地方利益、利益群体各自的利益基础之上的。每个部门、中央或地方政府、各利益群体都以实现自己的利益最大化为决策目标，这些决策目标在总体上是相互矛盾的，甚至是冲突的。在向市场经济的转变过程中，它们往往会以牺牲环境和社会目标来实现经济目标。

第二，缺乏一个强有力的综合协调部门。现行的体制不适合经济管理各部门把环境因素考虑到自己的政策中去，也不可能在各部门之间形成广泛深入的协调行动，同时也难以把相对明确的环境项目纳入到各政府各部门的项目中去。国务院环境保护委员会应当发挥更大的协调作用。

第三，缺乏对经济政策、决策的环境影响评估。虽然国务院和国家计委已经就项目的环境影响评估作了规定，但是由于经济政策、决策和环境影响评估刚刚开始，而且对于整个环境影响评估缺乏强有力的立法。通常在发达国家和一些发展中国家，环境影响评价用于具体的项目，但它越来越多地被用来对经济政策、经济计划的经济建设方案进行评价。环境影响评估是一项拟议中的对人类活动可能产生的环境后果进行分析的活动，环境影响评估在许多发达国家和发展中国家已经成为发展项目中一个必不可少的程序。各国在应用环境影响评估的过程中已经取得了大量的经验。环境影响评估的基本目的在于确保环境考虑纳入发展活动的计划、决策和实施中。将环境保护纳入国家的社会经济规划的重要意义已经得到各国的广泛认同。自 2002 年《中华人民共和国环境影响评价法》颁布以来，环境影响评价就成为环境保护与经济建设结合的主要工具。通过对于经济活动和经济政策可能造成的环境影响进行估计，并提出预防的措施。环境影响评价构成了环境保护与经济发展之间的重要关系纽带。

第四，缺乏完善的公众参与制度。通过政府的立法和各部门的综合决策来协调市场难以调节的各种利益群体冲突并使各冲突群体的利益目标在可持续发展的框架中得到统一，同时通过政府和民间的运作使可持续发展意识深入亿万民众心里，并变为亿万民众潜移默化的行为和素养，在我国，这将是两个全新的行动领域。公众的介入和参与是一个项目和经济计划实施的基本条件之一。环境影响的成功程度很大程度上取决于公众参与的成功程度。不少国家的政府在保护环境方面日益承认公众的参与和公众的利益，并通过法律承认公众的作用。公众参与的含义包括有权独立要求索赔和允许公众参与环境影响评估的审议，并发表意见。

第五，缺乏完善的市场手段保障环境保护与经济政策的结合。目前来看，在保证把可持续发展战略纳入经济政策的过程中，需要完善经济手段，这包括排污许可证制度和排污权交易、补贴和收费，鼓励金制度，税收，产业政策，投资政策，财政信贷政策等等。

第六，缺乏完善的决策支持系统。我国现有的国民经济核算体系和新国民经济核算体系都以经济核算为主，不涉及环境核算，因此，它存在三个缺陷：没有将环境视为财富；没有计算自然资源的消耗；它总是将环境治理费用加进国民收入，而不是将环境破坏造成的损失从国民收入中扣除。目前国民经济核算体系存在的缺陷是不能分析和核算经济和环境之间的相互作用以及由此产生的许多问题。例如，经济活动将废物排放到空气和水里，引起环境的恶化，增加了生产成本，这个成本如何计算？哪些部门应当对此负责？等等。因此，必须建立环境核算体系，并将环境核算体系纳入国民经济核算体系，形成环境与经济一体化的"卫星核算"。通过环境核算，提供自然资源和环境变化的资料，便于制定国民经济中长期规划。

（2）《中国 21 世纪议程》

八届全国人大四次会议通过的《中华人民共和国国民经济和社会发展"九五"计划和 2010 年远景目标纲要》明确提出，要"实现可持续发展"。《中国 21 世纪议程》纳入国民经济和社会发展计划，表明我国政府正在积极探索把可持续发展纳入经济和社会发展规划，但是这个行动缺乏有效的经济手段保证，不会有实际的效果。

《中国 21 世纪议程》对把可持续发展纳入经济政策的贡献在于：

1）积极推进经济增长方式的转变，把提高经济效益作为经济工作的中心；

2）大力发展科学技术，实施科教兴国战略，提高可持续发展的科技支持能力；

3）建立健全有利于可持续发展的经济法规、政策和财税制度，促进各行各业对增强自身可持续发展能力的投入，建立多元化的资金筹措机制，积极利用和开拓国际资金渠道；

4）运用经济手段保护环境和资源——规定各行各业的排污标准、理顺排污收费、理顺资源价格；

5）确定优先发展领域——农业、水利、能源、交通、通信、人口、就业、医疗卫生、社会保障、贫困、水资源、土地退化；

6）坚持区域经济协调发展——合理布局、综合开发、配套建设；

7）加强能力建设；

8）加强可持续发展的教育，提高全民族的可持续发展意识和公众参与的能力；

9）对经济和社会发展政策进行可持续发展的评估；

10）将可持续发展纳入计划。

我国把环境保护纳入经济计划的主要表现：①把《中国 21 世纪议程》作为制定"九五"计划和 2010 年远景目标的指导思想；②把可持续发展体现在实现两个转变中；③国务院各下属部门分别制定行业 21 世纪议程；④各地积极开展可持续发展的培训工作。

为了推进《中国 21 世纪议程》的实施，国家有关部门在 2010 年规划和"九五"计划的制定中，积极推进增长方式由粗放经营为主向集约经营为主的根本转变，提高资源利用率，注重生态环境的保护，做好提高经济增长质量和效益两件大事。不论国内还是国际上，自 1992 年里约热内卢大会以来，21 世纪议程实施过程中的最大问题是缺乏实质性的进展。主要表现为：

第一，缺乏明确的目标，对于可持续发展目标在时间上没有明确的限定。它没有规定在减少人均能源消耗和环境污染的前提下，怎样为居民提供工作、收入和体面、标准的生活。我国的可持续发展战略中把战略的核心定位于环境保护，因此对于社会发展方面的内容关注不够。

第二，缺乏一个能够协调中央和地方政治利益的组织和一个管理技术与专家系统。这个组织需要与中央和地方政府的利益密切相关。

第三，缺乏一个能够使居民、专家和利益集团理解经济和可持续发展关联的分析框架，因此，就难以处理他们将面对的合作和交易过程中的问题。

第四，缺乏对于当前和未来的资源利用模式和消费模式影响的分析，也缺乏对于就业、投资、污染和政府服务的传递等实质性含义的公众讨论。这些活动需要在学校、社区和其他居民组织中经常进行。

第五，缺乏一个综合战略去支持降低化学品用量、提高能源效率、建立生物废水处理系统的设想，也缺乏监督实现这些设想的系统。

第六，缺乏一个在未来 5 年内能够在区域水平上贯彻的、具有综合连续性的可持续发展战略，这个战略将通过投资和政策变通使区域经济保持可持续发展的方向。类似这样的战略的制定要通过仔细、公开、广泛的公众参与，以及地方政府和中央政府的参与。这个战略将建立在对于自然、资金和人力资源如何相互作用详细分析的基础上。这个战略必须提高地方资源、常规资金和现有技术的有效利用。这是我国实施可持续发展战略过程中急需考虑和运作的问题。

（3）可持续发展战略

我国在把环境保护、社会发展和可持续发展战略与经济政策、经济计划、经济规划和经济建设项目结合的过程中已经做了大量的工作，也取得了一定的成绩。但是与保持经济社会的可持续发展目标还相差甚远。因此，采取相应的措施来推动可持续发展战略的实施是目前我国可持续发展战略实施中的必要选择。具体说来有以下几个方面的工作需要进行。

1）建立综合决策机制

综合决策是建立在人类对可持续发展观念的接受、人类对自身与其周围环境关系的重新界定和对政府作用深入理解的基础之上的。

对于综合决策的理解取决于对可持续发展概念的理解。我们通常所说的可持续发展的战略目标实际上包含了两个要素：人类生存所要求的基本生活质量和人类赖以生存的周围的生态环境（Ecosystem）的良性循环状态。发展的目的旨在提高人们的生活质量（Quality of life），达到人们所追求的可能目标和满足人们必须的生活要求。虽然由于文化的差异，各社会的人民在发展目标的追求上各不相同，但是各国人民一些基本的要求是共同的：健康长寿、受教育的机会、保障基本的生活、享受政治自由、保证人权和安全。人们只有在上述要求都可以满足的情况下，才算是达到了可持续发展所需要的生活质量。

可持续发展的特点决定了推行综合决策制度的行动具有一系列的特点：

综合决策是一个不断调适和周期性的过程。在目前，我国要逐步建立一批目标明确的可持续发展示范区域，通过示范逐步建立综合决策机制。

有关部门和利益群体应当参与综合决策的所有过程，因此建立公众参与机制是必须的。

沟通决策各部门和决策涉及的各利益群体是综合决策的关键。

综合决策是一个提出规划和推行规划的行动过程。

必须把综合决策的制定和执行纳入到整个社会经济政策体系中去。

综合决策既是一个探索过程，又是一个参与过程。所谓探索是指在制定综合决策之前，决策者应当会同专家对决策的目标和实际状况进行研究和评估，提出发展目标和具体的运作手段，并随着政策的实施进行监督和修正；所谓参与是指被实施政策的地区和产业的各利益群体和个人都要参与政策的讨论和政策的制定，并参与政策的实施，这些参与者或者在实施综合决策的过程中获得一部分利益，或者在政策的实施过程中失去一部分利益。综合决策就是在对各种利益群体冲突目标的协调中达到可持续发展的总目标。

综合决策的复杂程度和实施难度取决于它的实施范围。一个政策越综合，它的制定过程和实施过程就越复杂。因此，综合决策需要一个巨大的数据库支持和一个范围广泛的群众参与。而建立信息系统的含义是指必须要有一个信息系统来作为综合决策过程的一部分，这个信息系统包括一个计算机软件系统和一个硬件系统，内容包括信息收集网络和信息处理系统。同时，必须建立一个在可持续发展方面有丰富经验的专家队伍的信息库。在综合决策过程中，专家队伍将发挥重要的作用，尤其在技术分析和信息处理方面，专家会发挥关键的作用。专家提供的技术和信息将影响到综合决策的决策可行性、决策的执行、监督和评估。

在推行综合决策的过程中，必须特别考虑社区人民的态度和社区自身的传统文化及生活方式。每一个社区都拥有自己独特的自然资源，按照其文化背景能综合可持续性的各个方面。实施综合决策战略意味着更多地了解当地人民的知识和文化，这要在法律和制度中逐步形成标准，需要承认社区人民的综合权利（例如他们对于自己的生存环境、土地和资源的所有权、智力和文化产权以及管理环境和自然资源的权利）。公众参与意味着对于特定社区实施的政策和工程项目必须由当地人民参与和表决。

2）充分考虑社会发展在可持续发展和经济政策中的地位

在环境和生态日益恶化的今天，把环境保护作为可持续发展的核心是可以理解的，但这决不意味着我们在强调可持续发展的时候可以忽略人类发展问题。

在以往推行人类持续发展战略的过程中，政府、非政府组织、社会群体都不同程度发挥了作用。实践证明，在迎接新世纪到来之际，个人、群体和社会的关系正在悄悄地发生着变革。

可持续发展是人类发展模式的根本转变，没有社会各界的共同参与是不可能实现的。20世纪人类对于市场的作用已经充分地认识，并把建立市场体制作为建立经济社会发展机制的重要组成部分，市场化甚至成为20世纪末的世界变革趋势。一方面表现在市场在推动社会的发展方面的确具有它的局限性，这需要发挥政府和公众的作用；另一方面，人类对于市场的外部性研究和把外部性转化为内部行为的研究还刚刚开始。把社会发展和社会事业转化为具有市场内部性的行为，并通过市场的调节，特别是通过市场对人类的行为进行调节，这是进行社会发展有效管理的较好选择之一。人类对于环境保护的控制正在走向公众、政府、社会市场共同调节的道路，这将为社会发展和人类发展提供有价值的借鉴。发挥政府作用的意义在于把社会发展纳入经济计划和经济政策，通过经济计划和经济政策来保证社会的发展，在过去的实践中，我国在这方面已经取得了一定的成绩和经验。

社会影响评估立法是把社会发展纳入经济政策和经济计划的前提。这个问题在环境保护领域已经基本得到共识，但是在社会发展领域还是一个新的问题，所谓新的问题不仅是指把社会发展纳入经济政策和经济计划是一个新的提法，同时把社会影响评估立法也是一个新的提法。

3）建立环境与发展综合决策的资金支持

资金支持是实现可持续发展战略与经济政策相结合的根本保障。综合决策是促进经济、社会、环境一体化和帮助建立国家实施可持续发展战略的工具。保证国家和地方综合决策的一致性和相互支持是非常重要的。如果综合决策制定者仅仅视综合决策为一种评估、文件制作和规划，那么，这种研究会进行得很快，但它决不是综合决策，而仅仅是可供空谈的报告或计划。因此建立各种基金和金融工具来推进可持续发展战略与经济政策的结合是最为现实的选择。

3.1.2　现有环境基础设施的经济政策支持

20 世纪 80 年代以来，我国政府部门颁布了多项与水业及垃圾处理有关的经济政策：

(1) 1982 年，国务院颁布了《征收排污费暂行办法》，明确规定了排污费的 80% 用于污染防治。

(2) 1984 年在国务院颁布的《关于环境保护工作的决定》中，明确了环境保护的资金渠道。

(3) 1984 年 6 月，原城乡建设环境保护部、国家计委、经委、财政部、中国人民银行、中国工商银行等 7 个部委又联合颁发了《关于环境保护资金渠道的规定的通知》。

(4) 1988 年发布国务院 10 号令，即《污染源治理专项基金有偿使用暂行办法》。

(5) 1988 年国家环保局确定了沈阳市作为设定环境保护投资公司的试点城市，沈阳市建立了全国第一家环境保护投资公司，随后各省也相继建立了污染防治的专项基金。

(6) 1995 年 7 月，财政部发出了《关于充分发挥财政职能，进一步加强环境保护改造的通知》，要求各级财政部门积极配合环境保护等部门进一步做好环境与资源保护工作。

(7) 1995 年 11 月，国家环保局发出了《国家环保局关于充分运用财政税收政策，加强环境保护工作的通知》，要求扩宽环境保护资金渠道，增加环境保护收入，提高环境保护资金使用效益。

(8) 1996 年 8 月，《国务院关于环境保护若干问题的决定》指出，完善环境经济政策，切实增加环境保护投入，在基本建设、技术改造、综合利用、财政税收、金融信贷及引进外资等方面，抓紧制定、完善促进环境保护，防止污染和生态破坏的经济政策和措施。

(9) 1998 年 11 月 7 日，国务院颁布了全国生态环境建设规划，指出，从我国生态环境保护和建设的实际出发，本规划仅对全国陆地生态环境建设的一些重要方面进行规划，主要包括：天然林等自然资源保护、植树种草、水土保持、防治荒漠化、草原建设、生态农业等。

（10）2000 年，国务院颁布了关于加强城市供水节水和水污染防治工作的通知，指出，水资源可持续利用是我国经济社会发展的战略问题、核心是提高用水效率。解决城镇缺水的问题，直接关系到人民群众的生活，关系到社会的稳定，关系到城镇的可持续发展。这既是我国当前经济社会发展的一项紧迫任务，也是关系现代化建设长远发展的重大问题。各地区、各部门要高度重视，采取切实有力的措施，认真做好城镇供水、节水和水污染防治工作。

（11）2000 年 5 月 29 日，建设部、国家环境保护总局、科技部联合颁布了《城市污水处理及污染防治技术政策》，指出，应根据地区差别实行分类指导。根据本地区的经济发展水平和自然环境条件及地理位置等因素，合理选择处理方式。

（12）2002 年 9 月，国家发展计划委员会、建设部、国家环境保护总局联合颁布的推进城市污水、垃圾处理产业化发展意见的通知，为解决城镇环境保护问题，"十五"期间，要将环境保护作为经济结构调整的重要方面，使其成为扩大内需的投资重点。

（13）2002 年 12 月，建设部出台的关于加快市政公用行业市场化进程的意见指出，深入贯彻十六大精神，以邓小平理论和"三个代表"重要思想为指导，以体制创新和机制创新为动力，以确保社会公众利益，促进市政公用行业发展为目的，加快推进市政公用行业市场化进程，引入竞争机制，建立政府特许经营制度，尽快形成与社会主义市场经济体制相适应的市政公用行业市场体系，推动全面建设小康社会。

（14）2003 年 1 月，国务院颁布了《排污费征收使用管理条例》，为加强对排污费征收、使用的管理提供了法律依据。按照该条例，规定：

1) 直接向环境排放污染物的单位和个体工商户（以下简称排污者），应当依照本条例的规定缴纳排污费。

2) 县级以上人民政府环境保护行政主管部门、财政部门、价格主管部门应当按照各自的职责，加强对排污费征收、使用工作的指导、管理和监督。

3) 排污费的征收、使用必须严格实行"收支两条线"，征收的排污费一律上缴财政，环境保护执法所需经费列入本部门预算，由本级财政予以保障。

(15) 2004 年 5 月，建设部为了施行《市政公用事业特许经营管理办法》，发布了《城镇供水、管道燃气、城镇生活垃圾处理特许经营协议示范文本》。

3.2 我国现行水业政策现状

3.2.1 城镇供水行业的产业政策

城镇供水是在社会主义市场经济条件下，为适应人民日益增长的物质需求，提高人居生活水平，提高社会的可持续发展水平而形成的一项新的产业。城镇供水既然作为一项产业，就应该有相应的政策作为其发展的保障。目前，我国正在逐步建立和完善社会主义市场经济，市场机制在经济活动中的基础性作用也正日益加强，城镇供水的产业政策也正逐步完善。

(1) 1980 年，国家经委、国家计委、国家建委、财政部、国家城市建设总局《关于节约用水的通知》。

(2) 1984 年，国务院《关于大力开展城市节约用水的通知》要求，"加强工业用水管理，实行计划用水"。

(3) 1988 年 12 月，中华人民共和国建设部第 1 号令发布的

《城市节约用水管理规定》要求，"城市建设行政主管部门应当会同有关行业行政主管部门制定行业综合用水定额和单项用水定额。超计划用水必须缴纳超计划用水加价水费。生活用水按户计量收费"。

（4）1989 年 7 月，国家环境保护局、卫生部、建设部、水利部、地矿部联合颁布了《饮用水水源保护区污染防治管理规定》，按照该法规定，为保障人民身体健康和经济建设发展，必须保护好饮用水水源。饮用水水源保护区的设置和污染防治应纳入当地的经济和社会发展规划和水污染防治规划。跨地区的饮用水水源保护区的设置和污染治理应纳入有关流域、区域、城镇的经济和社会发展规划和水污染防治规划。饮用水地下水源保护区的水质均应达到国家规定的《生活饮用水卫生标准》GB 5749—85 的要求。

（5）1994 年 7 月 19 日，国务院以国务院令的形式颁布了《城市供水条例》，以加强城镇供水管理，发展城镇供水事业，保障城镇生活、生产用水和其他各项建设用水。

（6）1998 年，国务院颁布了《我国城市供水价格管理办法》，以规范城镇供水价格，保障供水、用水双方的合法权益，促进城镇供水事业发展，节约和保护水资源。

（7）1999 年 2 月 3 日，建设部以部长令的形式颁布了《城市供水水质管理规定》，以加强城镇供水水质管理，保障供水安全。

（8）2000 年，国务院颁布了关于加强城市供水节水和水污染防治工作的通知，指出，水资源可持续利用是我国经济社会发展的战略问题，核心是提高用水效率。解决城镇缺水的问题，直接关系到人民群众的生活，关系到社会的稳定，关系到城镇的可持续发展。这既是我国当前经济社会发展的一项紧迫任务，也是关系现代化建设长远发展的重大问题。各地区、各部门要高度重视，采取切实有力的措施，认真做好城镇供水、节水和水污染防治工作。

（9）2002 年 8 月，国家颁布了新的《中华人民共和国水法》，为了合理开发、利用、节约和保护水资源，防治水害，实现水资源的可持续利用，适应国民经济和社会发展的需要提供了法律依据。

（10）2002 年 12 月，建设部出台的关于加快市政公用行业市场化进程的意见指出，深入贯彻十六大精神，以邓小平理论和"三个代表"重要思想为指导，以体制创新和机制创新为动力，以确保社会公众利益，促进市政公用行业发展为目的，加快推进市政公用行业市场化进程，引入竞争机制，建立政府特许经营制度，尽快形成与社会主义市场经济体制相适应的市政公用行业市场体系，推动全面建设小康社会。

（11）2004 年 7 月，建设部以部长令的形式修正了《城市供水水质管理规定》。

3.2.2　城镇污水处理的产业政策

传统的水污染控制政策是以政府的直接行政干预和控制为基础的，其中的经济手段只是法规制度（尤其是排放标准）的辅助工具。目前，所使用的水污染控制产业经济政策本身并没有形成一个独立和完善的体系，政策的内容主要包括排污收费、供排水一体化等等。

（1）政策

1）1991 年建设部颁发的《城市排水当前产业政策实施办法》指出，城镇排水是国家当前和今后一个时期在基本建设领域中重点支持的产业之一。基本原则是：

强化城镇排水的管理，加快城镇公共排水设施建设的速度；

城镇排水应统一规划，协调发展；

城镇公共排水设施，与国民经济和城镇建设协调发展；

各单位节水、减污、净化、回用；

制定城镇排水的发展规划，应贯彻远近结合，以近期为主的原则。

2）1991年，建设部、国家环保局联合颁发《关于加快城市污水集中处理工程建设的若干规定》。原则上，环保部门要加强对工业污染源治理和排出水质的管理；城建部门负责组织城镇污水集中处理工程建设和设施运行的管理及对排入城镇下水道污水水质的监督管理，以及收取建设费、运行费等。

3）1992年，建设部颁发《城市排水监测工作管理规定》，要求建立并完善城镇排水和污水集中处理的水量计量和水质监测工作。

4）修订后的《水污染防治法》增加了实行清洁生产、淘汰落后生产工艺和设备的规定。提出"九五"期间重点在工业生产过程中注重节约用水，减少污水排放量，净化污水回收再用，局部预处理与城镇污水集中处理相结合等要求。

5）建设部提出，在"九五"和2010年以前城镇排水和污水集中处理产业规划。要求做到统一收取各项费用，加强污水排放的计量和水质检测工作。积极引进外资和适合国情的先进管理方式，允许采用BOT等方式，开放部分市场，促进污水集中处理建设的发展。城镇污水处理建设项目的设计、施工必须以公开招标的方式进行，择优选取竞标者，确定合理价格，提高工程设计、施工质量，保证工期。

6）国家物价局、财政部1993年颁发了《关于征收城市排水设施使用费的通知》，确定了收费范围和征收办法等。

7）1997年6月4日，经国务院批准，财政部、国家计委、建设部、国家环保局发布关于淮河流域城镇污水处理收费试点有关问题的通知。

8）1998年1月，国家环境保护总局、国家质量监督检验检疫总局联合颁布了《污水综合排放标准》，主要适用于现有单位水污染物的排放管理，以及建设项目的环境影响评价、建设项目环境保护设施设计、竣工验收及其投产后的排放管理。

9）建设部、国家环境保护总局、科技部 2000 年颁发了《城市污水处理及污染防治技术政策》。

10）2002 年 9 月，国家发展计划委员会、建设部、国家环境保护总局联合颁布了《关于推进城市污水、垃圾处理产业化发展的意见》。

11）2003 年 12 月，国家环境保护总局颁布了《医院污水处理技术指南》。

（2）标准

有关水环境质量标准，水污染物排放标准，相关监测规范、方法标准见表 3-1。

相关标准名称、编号及实施日期　　　　表 3-1

类　别	标准编号	标　准　名　称	实施日期
水环境质量标准	GB 3838—2002	地表水环境质量标准	2002 年 6 月 1 日
	GB/T 14848—1993	地下水质量标准	1993 年 12 月 30 日
	GB 5749—1985	生活饮用水卫生标准	1985 年 8 月 16 日
水污染物排放标准	GW 18918—2002	城镇污水处理厂污染物排放标准	2003 年 7 月 1 日
	GB 8978—1996	污水综合排放标准	1998 年 1 月 1 日
相关监测规范、方法标准	HJ/T 91—2002	地表水和污水监测技术规范	2004 年 1 月 1 日
	HJ/T 92—2002	水污染物排放总量监测技术规范	2003 年 1 月 1 日
	GB 3839—1993	制订地方水污染物排放标准的技术原则与方法	1993 年 12 月 1 日

3.2.3　现行水业及产业经济政策的主要问题

已有的经济政策对我国水环境保护和水资源的综合利用起了积极的作用。但是这些制度和政策都是在计划经济体制或经济体制转轨时期提出的，依然存在许多的问题，主要有以下几个方面：

（1）指令性的自来水价格、污水处理费问题并未完全有效解决。

（2）随着市场经济的逐步建立，已有的水管理及产业发展经济政策存在如何适应市场机制的问题。现行的水管理经济政策没有真正体现价值规律，也没有引入市场竞争机制和政府宏观调控相结合的水资源分配机制。

（3）现行水管理及产业发展经济政策缺乏系统性，还没有形成有利于实施可持续发展思路的水管理政策体系。

（4）已行的经济政策本身需要重构或改革。

3.2.4 城镇供水价格政策现状

我国城镇供水价格的政策调整，大致可以分为三个阶段

（1）第一个阶段：从新中国成立到十一届三中全会之前

在这一阶段，城镇供水实行低价政策，对居民采用"包费制"形式，即根据城镇居民家庭人口，按户收取一定数额的水费，水费与实际耗水量无关。这是由于当时经济发展水平不高，城镇居民的收入和消费水平较低、居住条件差（房屋的成套率较低）、供水设施落后等状况决定的。同时，也受传统计划经济观念的影响，片面将水视为福利品和公益品，没有把它作为商品来看待。这一时期，政府城镇供水价格政策的确定主要基于以下两点考虑：一是稳定物价，保障人民群众的基本生活需要；二是当时还是低工资制，必须适应广大群众的承受能力。因而，城镇供水一直保持一个较低的价格水平，甚至有的年份还有所下调。如北京市的自来水价格，建国以后是不断降低的，1967年一次就降价33.3%，由每吨0.18元降为0.12元。

（2）第二个阶段：十一届三中全会以后，到20世纪90年代初

在这一阶段，我国推进经济体制改革，越来越重视市场调节、价值规律、价格杠杆的作用，城镇生活用水逐步取消"包费

制"，实行装表计量，按量收费，生产用水价格本着高于生活用水价格的原则，合理制定售水价格。这一时期，城镇供水价格管理的出发点主要有两个：一是合理利用水资源，节约用水；二是解决经济发展的"水瓶颈"问题，促进城镇基础设施建设与经济建设协调发展。为此，对城镇供水价格相继作出了许多政策调整。例如：

1980 年国家经委、国家计委、国家建委、财政部、国家城市建设总局颁布的《关于节约用水的通知》提出，"在两年内取消生活用水'包费制'。按楼门或大院装表，实行用水计量，按量收费"。

1984 年国务院颁布的《关于大力开展城市节约用水的通知》要求，"超计划用水加价"，"到 1986 年 1 月 1 日仍实行生活用水'包费制'的单位，人均用水量超过生活用水定额的部分，按现行水价累进加倍收费"。

这一阶段，各地普遍对城镇供水价格进行了调整，据 1991 年不完全统计，全国 80％的城市的供水价格有所上调，工业用水价格普遍在每吨 0.2～0.5 元，居民生活用水价格在每吨 0.15～0.3 元。在此期间，一些水净化处理工艺简单的中小城镇的供水价格调整到了"工业用水略有盈利、生活用水保本不亏"的水平。

（3）第三个阶段：我国国民经济和社会发展的"八五"、"九五"计划时期（1991 年以来）

在这一阶段，我国加快了包括价格管理体制在内的各种经济体制改革步伐，逐步建立了社会主义市场经济体制。城镇供水价格的管理逐步走向法制化、规范化；多数城镇按照"成本＋费用＋税金＋利润"的定价原则对供水价格进行多次调整。这一时期，城镇供水价格管理的出发点主要也有两个：一是有利于促进城镇供水节水事业的发展，满足发展国民经济、提高人民生活水平、改善人民生活质量的需要；二是加强生态和环境的保护治理，节约用水，实现可持续发展。在此期间，城镇供水价格改革在政策规定上更加明确、具体。例如：

1994 年 7 月 19 日，国务院第 158 号令发布的《城市供水条例》中规定，"城市供水价格应当按照生活用水保本微利、生产和经营用水合理计价的原则制定"。

1998 年 9 月 23 日国家计委、建设部印发的《城市供水价格管理办法》，第一次全面的对城镇供水价格的管理权限、分类、构成、定价原则、价格形式、审批程序、执行与监督等做了具体规定。

在这一阶段，城镇供水价格的调整步伐加快，价格水平有较大提高。据对 115 个城市的调查，从 1998 年底到 2000 年底，共有 62 个城市对水价进行了调整，平均上调的幅度为 20％至 30％，最高的达到 95.5％。

到 2004 年，根据国家发展和改革委员会提供的价格信息，全国各大城市的供水价格（不含污水处理费）如表 3-2 所示。

全国各大城市供水价格（元/t）　　　　　　表 3-2

地　区	收费标准	地　区	收费标准	地　区	收费标准
北京市	2.800	宁波市	1.400	南宁市	0.840
天津市	2.300	合肥市	0.900	海口市	1.300
石家庄市	2.000	福州市	1.200	重庆市	2.060
太原市	2.200	厦门市	1.800	成都市	1.150
呼和浩特市	1.500	南昌市	0.880	贵阳市	1.000
沈阳市	1.400	济南市	2.240	昆明市	1.300
大连市	2.300	青岛市	1.300	拉萨市	0.600
长春市	2.100	郑州市	1.200	兰州市	0.900
哈尔滨市	1.800	武汉市	0.700	西宁市	1.150
上海市	1.030	长沙市	1.020	银川市	1.300
南京市	0.900	广州市	0.900	乌鲁木齐市	1.200
杭州市	1.150	深圳市	1.900		

3.2.5　城镇污水处理收费政策现状

（1）污水处理收费逐步开始收费并提高水平。

过去我国一直把城镇污水排放和集中处理作为社会公益事业来办，城镇排水和污水处理设施由政府拨款建设，社会单位和家庭无偿使用，运行费用也全部由地方财政负担。改革开放以后，这种体制被打破。

在 1984 年国务院《关于大力开展城市节约用水的通知》中提出，"城市建设部门必须尽快会同有关部门制定排水设施有偿使用办法"；

在 1987 年国务院《关于加快城市建设工作的通知》中明确提出征收城镇排水设施使用费；

1993 年 4 月 23 日，国家物价局、财政部印发了《关于征收城市排水设施使用费的通知》，规定"凡直接或间接向城市排水设施排放污水的企事业单位和个体经营者，应按规定向城市建设主管部门缴纳城市排水设施使用费"，"城市排水设施使用费具体征收标准，由省级城市建设行政主管部门提出意见，同级物价、财政部门核定"。根据这一政策规定，各城市相继征收排水设施有偿使用费，但标准很低，平均每吨只有 0.1 元左右，最低的只有 0.03 元，据统计，1995 年全国城市排水设施有偿使用费收入仅为 9 亿元左右。

我国真正征收污水处理收费，是在 1996 年颁布《中华人民共和国水污染防治法》后有了法律依据，并于 1997 年首先在淮河流域城镇试行的。

在污水处理收费试点基础上，1999 年 9 月 6 日，国家计委、建设部和国家环保总局联合印发了《关于加大污水处理费的征收力度建立城市污水排放和集中处理良性运行机制的意见》，指出，除三河三湖流域城市之外，全国"多数城市还没有收取污水处理费，已经收取污水处理费的偏低"，要求全国"各城市要在供水价格上加收污水处理费","污水处理费由城市供水企业在收取水费中一并征收","污水处理费标准,可以根据当地各方面的承受能力,分步到位"。

在"三河三湖"流域城镇征收污水处理费的基础上,到2000年底,全国有200多个城市开征了污水处理费。

(2) 还需要进一步完善收费制度

现行污水处理收费标准偏低,难以满足污水处理设施的正常运转,由于经费不足,部分污水处理设施建成后甚至不运行,成了养花赏鱼池,有些省则停止了投资。据初步测算,在不考虑网管建设和维护的情况下,仅污水处理厂运行成本约0.5元/吨至0.7元/吨,但现行收费标准平均不足0.5元/吨。

从国家发展改革委员会的价格监测数据,全国各大城市污水处理费的情况如表3-3。

全国各大城市污水处理费(元/t)   表3-3

地　区	收费标准	地　区	收费标准	地　区	收费标准
北京市	0.90	宁波市	0.25	南宁市	0.50
天津市	0.60	合肥市	0.54	海口市	0.45
石家庄市	0.60	福州市	0.45	重庆市	0.40
太原市	0.25	厦门市	0.50	成都市	0.35
呼和浩特市	0.35	南昌市	0.22	贵阳市	0.40
沈阳市	0.50	济南市	0.36	昆明市	0.50
大连市	0.20	青岛市	0.30	兰州市	0.30
长春市	0.40	郑州市	0.60	西宁市	0.27
哈尔滨市	0.50	武汉市	0.80	银川市	0.40
上海市	0.90	长沙市	0.40	乌鲁木齐市	0.30
南京市	1.00	广州市	0.70		
杭州市	0.60	深圳市	0.50		

为了推动污水处理事业的健康发展,需要进一步完善污水处理收费制度,实现保本微利的原则。以上海为例,根据调价方

案，主城区居民城市污水处理费征收标准由现行的 0.40 元/吨调整为 0.80 元/吨，非居民城镇污水处理费由现行的 0.40 元/吨上调为 1.00 元/吨；郊区、郊县居民的城镇污水处理费按 0.40 元/吨征收，非居民城镇污水处理费按 0.80 元/吨征收。

3.3 我国垃圾处理行业政策现状

城镇生活垃圾处理，是进行城镇生活垃圾处置和资源可持续利用，以保护环境资源，满足社会经济可持续发展需求为目的的新兴产业。由于城镇生活垃圾的收集、运输、处置，资源化利用和综合管理等是由相关的部门、企业、机构为主体组成，涉及众多领域，是工业技术、社会城镇综合管理的集成，具有很强的综合性。而与此同时，传统的体制和政策不利于我国城镇生活垃圾资源化处置技术的发展。城镇生活垃圾的管理、废旧物资回收、能源的利用分属于不相关的部门，没有统一管理，缺乏有力的政策支持，严重影响了城镇生活垃圾的回收利用，不利于垃圾的减量化；尤其需要指出的是，长期以来，城镇生活垃圾的处置作为一项公益事业，完全由政府部门投资建设和运行，资金极度匮乏，成为市政的沉重负担，严重影响了资源化设施的建设和运行管理，不利于城镇生活垃圾资源化处置产业的发展。

3.3.1 行业政策现状

改革开放以来，我国政府已把环境保护列为基本国策，并逐步纳入国民经济和社会发展计划之中，实现了一系列保护环境的方针、政策，为我国实施可持续发展战略打下了良好的基础。

1979 年 12 月，原国家城建局、中央爱委会、卫生部联合发文 [（80）城发环字第 10 号，980)]，明确了城镇垃圾处理与管理主管部门。

1992 年，国务院 101 号令，正式颁布《城市市容和环境卫生管理条例》，这是我国历史上第一部由国务院颁发的市容环卫法规。根据条例规定形成了以建设部城建司下设市容环卫处，具体负责全国城镇环境卫生管理工作，省、自治区、直辖市建委（建设厅）城建处负责本省、自治区、直辖市环境卫生管理工作。各城镇在建委（建设局）下设环境卫生管理局（处）代表政府具体管理全市环卫工作。城镇市容环境卫生管理机构的设置基本上有两大类：分散管理体制（如典型的市、区、街三级管理体制），其特点是市级管理部门机构完善，编制健全，而区级机构精简，主要适用于大中城镇；集中管理体制特点，与分散管理体制正相反，主要适用于中小城镇。

自1992年，国务院颁布了"城市市容环境卫生管理条例"以后，建设部又相继制定了"城市生活垃圾管理办法"、"城市公厕管理办法"、"城市专用车辆管理办法"、"城市道路、公共场所清扫保洁管理办法"、"城市建筑垃圾管理办法"等一系列部颁管理办法和规定。

1996年，全国人大颁发了"固体废弃物污染防治法"，为依法管理城镇市容和环境卫生，行使政府职能起到了保证作用。

2000年5月，建设部、国家环保总局、科技部联合颁布了《城市生活垃圾处理及污染防治技术政策》。

2000年10月，财政部、国家环保总局颁布了《关于加强排污费征收使用管理的通知》。

2000年12月，建设部发布了行业标准《生产垃圾焚烧炉》。

2001年8月，建设部发布了新的《城市生活垃圾卫生填埋技术规范》（CJJ 17—2001），原CJJ 17—88废止。

2001年11～12月，国家环境保护总局、国家质量监督检验检疫总局联合颁布了《生活垃圾焚烧污染控制标准》、《一般工业固体废物贮存、处置场污染控制标准》、《危险废物焚烧污染控制标准》、《危险废物填埋污染控制标准》、《危险废物贮存污染控制标准》。

2002 年 9 月，国家发展计划委员会、建设部、国家环境保护总局联合颁布了《关于推进城市污水、垃圾处理产业化发展的意见》。在该政策指导下，城镇垃圾管理的概念已经由单纯的扫大街和清运垃圾送到郊外变为积极的处理处置。各级政府部门通过各种渠道筹集资金支持垃圾处理设施的建设，全国城镇生活垃圾的处理率由 1992 年的 2% 迅速上升到 1997 年的 57.3%。

2003 年，席卷全国的"非典"推动了医疗垃圾管理工作的进展，国家颁布了《医疗卫生机构医疗废物管理办法》、《医疗废物管理条例》，国家环境保护总局、国家质量监督检验检疫总局、国家发展和改革委员会联合发布了《医疗废物转运车技术要求（试行）》、《医疗废物焚烧炉技术要求》等标准，环保局颁布了《医疗废物集中处置技术规范》。

2003 年，国家环境保护总局与国家发展和改革委员会、建设部、科学技术部、商务部联合发布《废电池污染防治技术政策》。

2004 年 2 月，建设部发布了行业标准《生活垃圾卫生填埋技术规范》（CJJ 17—2004），原 CJJ 17—2001 标准废止。4 月，国家环境保护总局发布了《危险废物安全填埋处置工程建设技术要求》。

2004 年 5 月，国务院颁布了《危险废物经营许可证管理办法》，按照该办法规定，为了加强对危险废物收集、贮存和处置经营活动的监督管理，防治危险废物污染环境，在中国境内从事危险废物收集、贮存、处置经营活动的单位，应当依照本办法的规定，领取危险废物经营许可证。

3.3.2 城镇生活垃圾处理尚存在的问题

（1）收运、处理技术落后

虽然近年来我国在垃圾的收运与处理技术上有了很大的进步，但是目前我国的生活垃圾收集，运输车辆不仅在数量上不能满足需要，而且性能低，大多数已陈旧简陋，急需更新。

（2）管理体系不健全

治理城镇生活垃圾，改变城镇环境卫生的面貌，不仅要提高治理城镇垃圾的物质条件和科学技术手段，而且还要完善和加强管理工作。我国的环境卫生行业除了外部环境因素的制约外，其内部管理上也存在着很多问题，没有形成科学的管理体系。目前我国城镇的环卫机构的数量在逐年增加，但是环卫行业的管理水平仍比较落后，主要表现在以下几个方面：

首先，环卫机构的设置比较分散。我国目前实行的是省、市、区县多级管理体制，这种管理方式虽是经多年的经验总结，但是容易出现各自为政，不能协调、统一管理。因此就不能从宏观上对城镇环境卫生进行管理和控制。

其次，在垃圾处理方面存在着严重的条块分割现象。建设部负责城镇市容和环境卫生行业的管理工作。国家环保局负责对环境污染的法律监督工作。两部门的工作不能协调，对有效治理垃圾造成一定的障碍。

第三，法律不健全，统一的标准和规范尚不配套。长期以来环卫工作缺乏法律依据，缺乏统一的行政法规和技术规范。许多城镇只有政府规章，没有权威性的环卫法律、法规，这是环卫管理中的一个薄弱环节。

第四，环卫管理的现代化水平低，没有建立统一的环卫系统管理网络，致使环卫管理信息交流，反馈缓慢。

（3）经济政策支持不力

首先，投资比例低，数量少。环卫行业是以净化城镇，保障城镇人民身体健康为目的的社会公益性很强的特殊产业。目前，生活垃圾处理所需的投资也是作为社会公益事业，全部由政府承担。近年来，环卫任务增加，卫生标准提高，国家用于环卫行业的投资虽然在逐年增长，但是仍不能满足环卫行业的需要。在城市维护建设资金中，仅有 6.6％用于环卫行业，而且在这部分支出中，大部分又都用于经常性支出，用于环卫设施建设和更新改造的资金只占少数。由于政府投入不力，造成城镇垃圾处理缺乏资金来源，处理率低，处理效果差，并且严重阻碍了城镇生活垃圾处理的发展。

其次，国家没有进行宏观调节的有效手段，缺乏价格、税收等金融政策的支持，使环境卫生治理的具体工作得不到政策的指导。

（4）生活垃圾处理的基础技术工作薄弱

通过调查，我国城镇生活垃圾处理的基础技术工作薄弱。就生活垃圾无害化处理这一项来说，大多数城镇认为将垃圾清运出城外就是无害化处理，以至于统计的 143 个城市中，无害化处理率在 70％以上的城市占 65.7％，100％的城市占 64 个，而目前我国的实际情况根本就达不到这个程度。生活垃圾处理基础数据的调查和处理，是一项非常重要的基础工作，它是选择生活垃圾处理技术的依据，由于生活垃圾的产量，成分等性质变化频繁，所以生活垃圾处理基础数据的调查应列为常规实施项目，以保证对垃圾进行切实有效的处理。

3.3.3 社会经济的发展需要进一步完善政策支撑体系

（1）随着我国改革开放的不断深入，在城镇生活垃圾处理方面面临的问题越来越突出，特别是当前我国城镇垃圾处理政策体系不能适应社会经济发展及市场经济的需要，对于城镇垃圾处理产业发展的制约作用越来越明显，影响了我国城镇垃圾处理发展良性循环机制的建立和产业化的发展。尽管很多城镇都在利用政府拨款或国外贷款或其他资金来源建设垃圾处理场，但尚存在较多问题。

（2）尽管城镇生活垃圾处理有非常广阔的市场前景，但由于没有有效的市场机制，潜在的市场远远没有被启动。直接后果是：一方面全国环卫系统迫切需要成熟的、先进的垃圾收集、运输、处理技术、设备，用于解决日益严重的垃圾问题；另一方面，由于缺乏跨行业的科技协作、联合攻关以及缺乏研究开发和转化的经费来源，城镇生活垃圾处理技术及设备的开发也没有良性循环的机制，缺乏市场需求的直接支持影响了产业化的进程。

（3）我国城镇生活垃圾处理管理体制完全按照计划经济模式运行。一方面，集管理职能和服务职能为一体，管理体系比较混乱，具有国有企事业单位所共有的缺点，特别同市场经济脱节，没有竞争机制，资源得不到合理配置，缺乏自身活力，难以适应市场经济发展的需要。垃圾处理工作迫切需要与市场经济接轨的运行体制。另一方面，由于垃圾处理经费主要靠政府财政拨款，大部分城镇都缺口很大，没有可靠的保障。特别是城镇生活垃圾处理设施的建设和运行维护费用，成为各城镇政府部门的沉重负担。

第4章 国家发展战略和行业发展方向

4.1 国家发展战略与政策导向

4.1.1 城镇发展规划和基础设施规划

改革开放以来，随着国民经济的快速增长和社会全面进步，我国城镇化进程加快。城镇规模结构和布局有所改善，辐射力和带动力增强。建制镇平均规模扩大，小城镇开始从数量扩张向质量提高和规模成长转变。城镇经济保持良好的发展势头。城镇基础设施和环境进一步完善，一些多年滞后的领域得到加强。城镇经济体制改革全面展开，符合市场经济要求的城镇经济体制正在形成。城镇居民生活明显改善，各项社会事业蓬勃发展。按照《"十五"城镇化发展重点专项规划》的要求，我国现阶段城镇化发展的主要任务是：

（1）完善城镇体系

1）有重点地发展小城镇。发展小城镇要突出重点、合理布局、科学规划、注重实效。小城镇建设要规模适度、增强特色、强化功能。发展小城镇要与引导乡镇企业集聚、市场建设、农业产业化经营和社会化服务相结合，繁荣经济、集聚人口。

2）积极发展中小城镇。中小城镇的发展要挖掘潜力、夯实基础、提高质量、合理扩大规模、适当增加数量。

3）完善区域性中心城镇功能。中心城镇要着眼于完善功能、调整结构、改善环境、提高质量、适度扩大规模。

（2）发展城镇经济

推进城镇化，必须始终坚持以经济建设为中心，不断增强城镇的经济实力，提高吸纳农村人口的能力。要立足于城镇功能定位，发挥比较优势，形成合理的产业布局和各具特色的城镇经济。

（3）健全城镇功能

要根据城镇的功能定位和规模，面向未来、合理布局、量力而行、完善系统，加强城镇基础设施建设，完善社会服务及居住服务功能。

1）加强城镇基础设施建设。要坚持先规划、后建设的原则，加强供排水等基础设施建设。

增强城镇供水保障能力。实施节流优先、治污为本、多渠道开源的城镇水资源可持续利用战略，以提高水资源利用效率为核心，把节水放在突出位置，建立节水型城镇。城镇布局和城镇建设要充分考虑水资源的承受能力，水资源严重短缺的地区要严格控制城镇数量和规模。改造城镇供水管网，降低城镇供水管网漏失率，有条件的城镇要建立中水管道系统，积极推广污水再利用。强制淘汰浪费水的器具和设备，推广节水器具和设备。加强城镇水源工程建设，合理开采地下水。积极实施跨流域调水工程，采取多种方式缓解北方大中城镇缺水矛盾。加强小城镇供水管网建设，提高供水质量。"十五"期间城市日供水能力累计新增 4500 万 m^3。2005 年工业用水重复利用率提高到 60%。

2）发展社会服务。要以人为本，加强城镇公共设施建设，完善社会服务体系，为城镇居民创造健康、文明、安定的社会环境。

（4）改善城镇环境

1）加强城镇生态建设和保护。

2）加强城镇污染综合治理。要把城镇污染综合治理作为城镇建设的重要任务，增强环保意识，加强环保设施建设，提高环境治理标准，改善城镇环境质量。

按照社会投入、企业化运行、政府监管的方式，促进污染治理设施建设。城镇布局和工业区、居住区等的建设要充分考虑地形、气象、水文对环境的影响。所有城镇都要建设污水集中处理设施，并逐步实现雨水与污水分流。已连片发展的相邻城镇要统一考虑取水、排水和污水处理，优化设施布局。落实污水处理收费政策，建立城镇污水处理良性循环机制。所有城镇都要建设垃圾无害化处理设施，改革垃圾收集和处理方式，建立健全垃圾收费政策，促进垃圾和固体废弃物的减量化、无害化和资源化。逐步实现提高废气排放标准，减少废气排放，加强废气排放的治理。减少噪声污染和热岛效应。"十五"期间，新增城市污水日处理能力 2600 万 m^3，垃圾无害化日处理能力 15 万吨。2005 年城市污水集中处理率达到 45％，空气质量满足二级标准的大中城市增加到 70 个。

（5）加强城镇管理

要高标准、高质量地编制好各类城镇规划和城镇体系规划，加强城镇规划对城镇建设和发展的调控和指导，健全城镇规划实施机制。

4.1.2　水资源利用和环境保护规划

（1）水资源节约和利用

1）坚持开源节流并重，把节水放在突出位置，发展节水产业，建立节水社会。

2）城镇建设和工农业布局要充分考虑水资源的承受能力，加大农业节水力度。

3）按水资源分布调整工业布局，加快企业节水技术改造。

4）强制淘汰浪费水的器具和设备，推广节水器具和设备。

5）搞好江河全流域的水资源合理配置，积极开展人工增雨、污水处理回用、海水淡化。

（2）环境保护规划

1）继续加强水污染治理。

2）城镇大气环境质量的改善。

3）垃圾无害化与危险废弃物集中处理。

4）工业污染的防治，控制和治理。

5）农村环境保护。

（3）"十五"城镇环境保护目标

江泽民同志在 2003 年中央人口、环境、资源工作座谈会上强调，"发展不仅要看经济增长指标，还要看人文指标、资源指标、环境指标"。朱镕基同志在第五次全国环境保护会议上强调，"保护好环境就能增强投资吸引力和经济竞争力"。

我国已经进入全面建设小康社会、加快推进社会主义现代化的新的发展阶段。无论从提高人民群众生活质量的角度，还是从发展经济提高城镇现代化水平的角度，都对改善环境质量提出了更高的要求。"十五"期间，国家已经把城镇环境保护纳入国民经济和社会发展计划。"十五"计划纲要提出：以创造良好的人居环境为中心，加强城镇生态建设和污染综合治理，改善城镇环境。强化环境污染综合治理，使城乡特别是大中城镇环境质量得到明显改善。加快城镇基础设施建设，推行垃圾无害化与危险废物集中处理，全面推行污水和垃圾处理收费制度。在国务院批复的《国家环境保护"十五"计划》中对城镇环境保护又提出了具体的目标，到 2005 年，50％地级以上城市空气质量达到国家二级标准；60％地级以上城市地表水环境质量按功能区划达标；50％地级以上城市道路交通和区域噪声达到国家标准；城市生活污水集中处理率达到 45％，50 万人口以上的城市要达到 60％；城市居民燃气普及率达到 92％；新增城市垃圾无害化处理能力 15 万吨/日；建成区绿化覆盖率达到 35％。

改革开放以来，我国在城镇环境保护方面已经摸索出了一整套办法。经验表明，解决城镇环境问题的办法是有的，而且从政府组织领导、规划、项目运作一直到具体的治理技术，国内都有很多成功的典范。概括地说，解决城镇环境问题要从 5 个方面入手：即坚持以人为本，以可持续发展的思想指导各项工作；抓准城镇定位，搞好城镇发展规划，优化城镇布局；调整产业结构和能源结构；开展环境综合整治；加大水业及垃圾处理建设投入。只有这样才能达到改善环境质量、增强城镇综合实力的目标。

落实"十五"计划，需要突破计划体制的束缚，广开资金渠道。"十五"期间，仅"三河三湖"、三峡库区、南水北调（东线）、环渤海等重点流域城镇以及北京市就要建设 443 座城市污水、垃圾处理厂，预计需要投入 584 亿元，建成后设施的稳定运行管理也需要有不小的固定支出。这样大的资金需求仅靠各级政府的财力是远远不够的。过去几十年的实践表明，污水、垃圾处理等基础设施由政府包办困难是很大的。一方面，设施能力的增加赶不上污水、垃圾增长速度，另一方面，财政的包袱越来越重。尽管在今后相当长的时间内，水业及垃圾处理的建设资金仍要以财政投入为主，但不能把财政作为惟一的资金来源，应当通过 BOT、股份制等方式吸收社会资金。设施建成后的运行经费可以通过收费来解决。设施建设、运行一定要实行市场化运作、企业化管理。温家宝总理在第五次全国环境保护会议上强调，"要发挥市场机制的作用，按照经济规律发展环保事业，走市场化和产业化的路子，用新的思路去探索环保产业建设和运营的各种有效形式。各级政府需要及时转变政府职能，转变城镇建设和管理思想，改革污水、垃圾管理体制，转换机制"。2004 年，国家计委、建设部、环保总局等部门出台了《关于进一步推进城市供水价格改革工作的通知》、《关于实行城市生活垃圾处理收费制度，促进垃圾处理产业化的通知》。各地都根据国家有关政策制定具体的实施办法，开辟多元化投资渠道，引入市场竞争机制，培育和发展投资多元化、运营主体企业化、业务市场化的污水、垃圾处理产业。

4.1.3　世界贸易组织相关协议对水业及垃圾处理行业的影响

水业及垃圾处理是重要的城镇基础设施，是最主要的城镇社会公共工程，是社会化大生产第一道工序，是社会服务业中的重要内容，是城镇功能的具体体现，也是满足城镇居民基本生活质量要求的重要保障。

在分析加入 WTO 后，我国水业及垃圾处理行业面临的新形势前，有必要首先了解 WTO 的基本原则、运行机制以及我国政府所作出的承诺。

关于世界贸易组织的基本原则和对运行机制的规范，在其所有成员都须遵循的《服务贸易总协定》中有具体规定。这些规定将对我国水业及垃圾处理行业也带来一定的影响，概括起来可分为两个部分：

（1）普遍义务和原则：包括：最惠国待遇、透明度原则、关于各成员国内法规的纪律、关于垄断和专营者提供服务的纪律、关于例外的规定和关于保障措施和补贴纪律等。其中最重要的是最惠国待遇、透明度原则。

（2）具体的承诺：《服务贸易总协定》中还赋予了各成员有被区别对待的权利，各成员方在申请加入世贸组织的谈判中，可以就服务领域市场准入、国民待遇等方面作出具体的承诺。

在我国政府对外承诺方面，尽管我国水业及垃圾处理行业的分类与国际惯例存在差异，但在我国政府已经承诺的各项条款中，对市政公用的各行业并没有特别的承诺或对外商有特别的限制。即：我国水业及垃圾处理行业并没有要求得到特别的保护，也就是说我国水业及垃圾处理行业今后的发展必须与国际接轨，遵循国际规律，公平地接受竞争和挑战。

4.1.4　国家宏观经济政策

1992 年，党的十四大明确提出了经济改革的目标是建立社

会主义市场经济体制。1993 年，进一步做出了《中共中央关于
建立社会主义市场经济体制若干问题的决定》，完整地设计了新
经济体制的总蓝图。自 1994 年，我国通过改革逐步形成了经济
政策体系。根据社会经济的发展，以及形式的发展，适时调整我
国的经济政策，集中力量解决现实经济生活中的突出矛盾和关系
国民经济发展的重大战略性问题。

我国的经济政策体系中与水业及垃圾处理行业相关的内容
包括：

（1）财政政策。财政政策同样服务于国家经济与社会发展的
目标，包括充分就业、物价稳定、经济增长、公平分配等。受社
会、政治、经济、文化等诸因素的制约和影响，在不同国家、同
一国家的不同发展阶段、不同地区，目标选择及其不同行业的侧
重点不尽相同。

（2）投资政策。根据保持社会、经济稳步发展，促进经济结
构优化的要求，投资政策的主要目标是：调控投资总量、保持合
理的投资规模；调控投资结构，促进产业结构升级和经济、社会
协调可持续发展；调控投资地区布局，促进地区经济协调发展；
调控重大项目的安排，发挥社会主义集中力量办大事的优越性。
投资的政策手段包括财政政策、金融政策、行业政策、地区政策
等，一般通过政府直接投资规模、税率、利率、汇率、价格等杠
杆实现。此外，也通过中长期规划、专项规划、重大项目建设计
划等计划指导和信息引导，经济法规以及必要的行政手段（如项
目审批）进行调控。

（3）产业政策。产业政策是指政府对资源在各个产业间配置
过程的干预。通过产业政策，鼓励和支持那些对国民经济和社会
发展起重要推动作用的产业发展，限制淘汰那些不利于持续发展
和破坏生态环境的产业发展，可以加速国民经济结构实现优化升
级，保持国民经济的快速、持续、健康发展。我国的产业政策一
般体现在国民经济和社会发展战略，中长期发展规划以及年度计

划中，并通过安排国家预算内投资资金，审批限额以上投资项目，确定政策性银行固定资产投资使用方向，对需要重点支持的技术改造项目和高新技术产业项目由财政贴息等手段加以落实和实施。

（4）价格管理政策。在社会主义市场经济条件下，价格是一个很重要的经济参数和引导经济主体行为、调节市场供求关系的基本信号。我国政府对价格管理的主要目标和内容是：调控价格总水平，抑制、缓解通货膨胀或通货紧缩，实现价格总水平的基本稳定；形成协调合理的价格体系；维护正常价格秩序；对少数重要商品与服务实行价格管制。一般情况下，调控价格总水平通过货币政策、财政政策、收入分配政策来调节社会总需求，从而间接影响价格总水平。协调合理价格体系主要通过充分发挥市场机制的作用，使价格在正常市场环境中形成合理的比价和差价关系。价格秩序通过《中华人民共和国价格法》予以保证。《价格法》对政府实行价格管制的范围及政府指导价、政府定价的原则也做出了规定。

4.2　水业及垃圾处理的产业化发展

"九五"期间，国家加大了水业及垃圾处理建设的资金投入，特别是 1998 年以来，通过国债资金确保了一批水业及垃圾处理建成并投入使用。应该说，现在是历史上发展最快的时期。但是也要看到我们的发展水平还是比较低的。到 2001 年底，城市污水处理率是 35％，垃圾无害化处理率只有 30％。如果"十五"期间要新增每日 2600 万 m^3 的污水处理能力和 15 万 t 的垃圾处理能力，至少需要 1000 亿元的投资。城镇污水和垃圾治理的出路在哪里？关键是要实现城镇水业及垃圾处理的产业化。如果不进行体制和机制创新，不运用市场机制推行水业及垃圾处理服务收费，不加快培育水业及垃圾处理产业，是很难解决我国城镇化过程中水污染和垃圾污染问题的。

4.2.1 转变观念，促进污水和垃圾的资源化

排放污水和垃圾作为经济运行中的一个重要环节，需要立足于减量化，并对已经产生的污水和垃圾实现资源化。

（1）垃圾处理行业

每个地区应从实际出发，稳步改变过去垃圾处理，强调无害化、减量化、资源化的思想，提高资源化的位置。垃圾中的金属、玻璃、塑料、纸张要尽可能回收利用，垃圾中的有机成分可以制成有机肥，填埋气体和可燃烧部分可以用来发电，而不仅仅是被动地进行处理。因此，从源头抓起，从充分利用资源出发，分类收集、分类处理。

（2）污水处理行业

污水的处理与再生利用也要转变观念。目前，我国的污水处理厂大多规划在城镇下游，原因之一是缺乏资源化的思想。如果改变观念，把污水作为资源利用，城镇污水处理厂的规划布局需要重新调整，建设规模应该大、中、小相结合。北京的污水处理厂处理能力有 100 万 t，如果想利用 50 万 t，就要重新做一套管网反送，从下游要反送到上游，这是一件非常复杂的事情。此外，从资源利用的角度考虑，要重新研究排放标准。目前很多城镇下游的污水处理厂，把经过二级处理达标排放的污水排入农田是否算回用呢？这要看是否对土壤造成影响。

所以，要改变水业及垃圾处理建设和运行的指导思想，把资源化放在第一位。这就需要对规划布局、设计方案、建设规模以及处理方式、处理标准等一系列问题进行研究，否则，会影响到水业及垃圾处理产业化的推进。

4.2.2 水业及垃圾处理市场化

这既是思想观念的转变也是工作方法的转变。长期以来，由

于我国城镇水业及垃圾处理作为公益事业，从设施的投资建设到运行管理以及运行费用，由政府统管包办，体制和机制上的弊端大大制约了城镇水业及垃圾处理行业的发展。必须改革管理体制和运行机制，对城镇水业及垃圾处理项目建设与运营管理要按照企业化、市场化的模式运作，才能推动产业化发展。

在企业化、市场化、产业化运作过程中，要明确有关的责任主体。治理污水和垃圾的责任主体是企业，这里所说的企业是广义的，既包括产生并排放污水和垃圾的企业和个人，也包括城镇水业及垃圾处理的企业，这些责任主体之间的关系是经济关系。监管的主体是政府。因为污水和垃圾的排放与处理关系到社会公共利益，没有谁会像政府那样关心社会公共利益，政府必须进行调控和监管。

4.2.3 城镇水业及垃圾处理服务收费制度

城镇水业及垃圾处理服务收费制度是实行产业化的基本条件，体现市场经济的价值规律，也是排放单位和个人的历史责任。世界各国对城镇水业及垃圾处理服务都是收费的，方式有三种，第一种是高福利社会的高额税收，从形式上看好像个人没有支付处理费用，实际上是包括在高额税收之中的；第二种是收税与收费并存，发达国家主要采用这种方式；第三种是收费。我国处于从计划经济向市场经济过渡阶段，主要采用收费方式。

水业及垃圾处理的受益者应当承担相应的责任，这就体现了市场经济原则。不要认为收费是增加谁的负担，观念应该转变。交费是承担责任的行为，承担你对社会的责任，承担环境保护的责任，承担生态保护和建设的责任。付费和收费是同一件事的两个不同主体的分别表述。只要污染者付了费，承担了责任，他就会去追究收费者的责任，监督收费者用好这笔钱。付费者与收费者之间形成一种经济关系，运行效率才会提高，才能从根本上推动产业化的进程。

从国际经验来看，垃圾处理行业通过垃圾处理收费和垃圾资源化，是一个存在利润的行业，而污水处理行业也可以通过污水处理费实现完全成本回收。按照国家计委、财政部、建设部、国家环保总局出台的《关于实行城市生活垃圾处理收费制度促进垃圾处理产业化的通知》，以及国家计委、财政部、建设部、水利部、国家环保总局也颁布的《关于进一步推进城镇供水价格改革工作的通知》，污水和垃圾处理收费，应当逐步做到保证运营费用和建设投资回报，才能实现企业化、市场化运作，实现污水、垃圾处理的良性循环，才会有效地带动企业及民间投资进入污水、垃圾处理产业，使之成为拉动经济发展的重要投资领域和新的经济增长点，为促进国民经济持续快速健康发展、建立良好的城镇生态环境做出新的贡献。

4.2.4　城镇水业及垃圾处理产业化

城镇水业及垃圾处理，涉及设施建设、运营管理、技术开发、设备生产和资源再生利用等诸多方面，应形成完整的产业体系。也就是形成城镇水业及垃圾处理建设、运行管理体系，技术与设备维修服务体系，综合利用体系。围绕污水、垃圾处理产业化，实现服务社会化，形成一个相互连接的产业链，构成完整的城镇水业及垃圾处理服务产业。通过市场实现资源的优化配置，促进科技进步，提高城镇水业及垃圾处理的整体服务水平和效率。

4.2.5　《市政公用事业特许经营管理办法》

为了加快推进市政公用事业市场化，规范市政公用事业特许经营活动，加强市场监管，保障社会公共利益和公共安全，促进市政公用事业健康发展，建设部以部长令的形式颁布实施了《市政公用事业特许经营管理办法》。该办法适用于水业及垃圾处理行业。

（1）市政公用事业特许经营，是指政府按照有关法律、法规规定，通过市场竞争机制选择市政公用事业投资者或者经营者，明确其在一定期限和范围内经营某项市政公用事业产品或者提供某项服务的制度。

（2）实施市政公用事业特许经营，应当遵循公开、公平、公正和公共利益优先的原则。

（3）实施市政公用事业特许经营，应当坚持合理布局，有效配置资源的原则，鼓励跨行政区域的市政公用基础设施共享。

4.3　城镇水业的发展前景

4.3.1　我国城镇水业的发展前景

我国水资源贫乏，人均水平仅为世界的 1/4。在全国 600 多个城市中，400 多个城市常年供水不足，其中有 110 多个城市严重缺水，日缺水量达 1600 万 m^3，年缺水量 60 亿 m^3。天津、长春、青岛、唐山和烟台等大中城市已受到水资源短缺的严重威胁。另外，我国的城镇污水集中处理率也很低，已经成为影响我国环境的主要问题之一。城镇缺水、节水和污水处理问题已引起我国政府的高度重视。为此，《建设事业"十五"计划纲要》对城镇供水和污水处理事业发展提出了明确目标，即："十五"期间，新增城市供水能力 4500 万 m^3/日。到 2005 年，城市供水普及率达到 98.5%；继续加强严重缺水城市、小城镇和中西部地区城镇供水设施建设，提高供水能力。新增城市污水处理能力 2600 万 m^3/日。到 2005 年，城市污水处理率达到 45%，其中西部地区城市达到 40%，50 万人口以上城市达到 50%。所有设市城市都必须建设污水处理设施。工业用水循环利用率达到 60%。

4.3.2　我国城镇水业发展的关键

（1）发展节水型城镇，坚持开源与节流并重，节流优先，治污为本，科学开源，综合利用的原则，为城镇经济建设和经济发展提供安全可靠的供水保障和良好的水环境。加强城镇计划用水管理，加大对大城镇年久失修供水管网的技术改造力度，降低管网漏失率。继续落实城镇供水技术进步规划，改善供水质量，提高水质标准。

（2）推广运用节水型新技术、新工艺、新产品。制定并推行节水型用水器具的强制性标准，强制淘汰不符合节水标准的生活用水器具，加强节水技术改造，提高用水效率。在配合国家启动"南水北调"工程的同时，要使新增工业用水量的一半通过节水来解决。

（3）加快城镇污水处理设施建设，提高污水处理能力，推动污水处理企业化和产业化进程。加强城镇排水管网等配套设施的建设，保证污水处理设施建成后能投入满负荷运行，并逐步扩大排水管网服务面积。重点完成淮河、海河、辽河、太湖、巢湖、滇池等国家确定的重点流域城镇污水处理设施建设。根据国家总体部署，适时启动长江上游、黄河中游、松花江等流域城镇污水处理工程，加强"南水北调"工程东线规划确定的城镇污水处理设施建设。充分发挥政府的政策引导作用，加大政府对城镇污水处理设施，特别是西部地区城镇污水处理设施的投入。

（4）建立符合市场经济的水价形成机制和污水处理收费制度。"十五"时期，城镇水价应提高到商品价格水平，以调动全社会节约用水和治理水污染的积极性。积极发展处理后污水再生利用及污泥综合利用技术，大力提倡开发利用污水回用等非传统水资源，特别是中西部地区和北方缺水地区要把污水处理回用与缓解水资源的短缺结合起来。结合本地的实际情况选择适宜的污水处理技术。全面落实污水处理收费政策，逐步实现收费标准与成本持平，或有微利，使污水处理企业具备偿还设施建设投资贷款和维持正常运营费用的能力。

4.3.3 我国城镇供水价格和污水处理收费的政策取向研究

我国政府对城镇供水价格和污水处理收费在内的水价改革非常重视。国务院印发的《关于加强城市供水节水和水污染防治工作的通知》以及《关于印发改革水价促进节约用水指导意见的通知》，对加快水价改革步伐、建立合理的水价形成机制提出了具体的指导意见。

（1）我国城镇供水价格和污水处理收费改革的总体指导思想是，按照社会主义市场经济的要求，逐步建立起有利于城镇供水事业发展，促进节约用水和污染防治的价费机制和管理体系，适应国民经济发展和人民生活的需要。

（2）城镇供水价格和污水处理收费改革的基本原则，一是发挥价格杠杆作用，促进节约用水，保护和合理利用水资源；二是充分体现供水的商品价值，使城镇供水价格达到合理水平；三是各级政府要运用价值规律和听证会等方法，对供水价格和污水处理收费进行监督管理；四是综合考虑城镇供水和污水处理中的价、费、税问题，兼顾社会各方面的承受能力，统筹规划，分步实施。

（3）城镇供水价格和污水处理收费改革的目标是通过改革，建立合理的城镇供水价格与污水处理收费形成机制和管理体制，促进城镇供水价格和污水处理收费管理规范化、法制化，使城镇供水和污水处理事业实现良性循环。

（4）在推进城镇供水价格和污水处理收费改革过程中的主要建议：

1）建立和完善城镇供水价格形成机制。尽快制订本行政区域内的用水定额，在逐步提高水价的同时，可继续实行计划用水和定额管理，推行容量水价和计量水价相结合的两部制水价。对超计划和超定额用水要实行累进加价收费制度；缺水城镇，要实行高额累进加价制度。

2）尽快开征污水处理费。在调整城镇供水价格和污水处理费标准时，要优先将污水处理费的征收标准调整到保本微利的水平，满足污水处理设施建设和运营的需要。

3）贯彻《城市供水价格管理办法》，并制订污水处理收费方面的管理办法。

4）改革城镇供水和污水处理的经营管理体制。彻底实现政企分开，政事分开；在供水和污水处理企业中，推进建立现代企业制度，城镇供水和污水处理厂要实行独立核算，自主经营，自负盈亏，积极推进企业改制和内部改革；有条件的大中城镇要积极试行供水厂网分开，引入竞争机制，促进集约化经营，约束成本上升。

改革我国城市供水价格的新范例——张家口

目前，不少城镇在改革城镇供水价格方面已取得可喜进展，其中张家口市的做法给我们提供了一个新范例。他们为保护和合理利用水资源，促进节约用水，解决新建腰站堡水厂贷款偿还和市供水公司长期经营亏损问题，根据国家计委、建设部关于城镇供水价格改革的总体要求，在亚行专家的帮助下，组织各有关部门，经过半年多的反复研究和测算，分别于2000年9月和11月，出台了《张家口城市供水价格管理实施细则》和城市供水价格调整方案。其水价改革的主要内容是：

1. 一次规划，分步实施

水价改革规划为期6年，首次调价幅度为48％，以后每隔两年调整1次，每次调整幅度为32％。按此规划，到2003年供水公司可实现保本运营；到2005年净资产利润率由2001年的-5.1％上升为2005年的8.3％，6年后还清贷款；以后进入资金积累阶段。调整供水结构，实行分类水价。首次调整的具体价格（2000年12月1日执行）是，居民生活用水由

0.75 元/t 调整为 1.13 元/t，机关事业单位用水由 1.23 元/t调整为 1.80 元/t，工商企业用水由 1.46 元/t 调整为 2.16 元/t，宾馆餐饮业用水由 2.00 元/t 调整为 3.24 元/t，特种用水为 10 元/t。

2. 推行新的水价计价方式

居民生活用水，准备用 3 年时间推行阶梯式水价。居民生活用水量每月在 3t/人以下，执行 1.13 元/t 的基本水价；月用水量在 3～5t/人部分执行二级水价，按基本水价的 1.5 倍收取水费；月用水量超过 5t/人部分执行三级水价，按基本水价的 2 倍收取水费。同时规定，用水基本数和阶梯比例随供水状况可进行适当调整。非居民生活用水实行与阶梯式计量水价类似的超计划用水加价办法，超出部分按每增加用水量 5%一个阶梯累进加价一倍。

3. 对低收入家庭实行水价减免政策

最低生活保障线以下家庭凭市民政局发放的《最低生活保障证》、特困职工凭市总工会发放的《特困职工证》，每 3 个月到市供水总公司按每月 5t 水量退还水费。全市用于贫困家庭的水价补贴预计每年 30 万元左右。

当然，张家口改革过程中，也遇到了这样那样的问题，比如说水价的污水处理费的征收和分配问题。随着改革的深入，问题将会不断的产生和解决，通过经验和教训的不断的积累，国家供水价格改革将朝着健康、持续的方向发展。

4.4 城镇垃圾处理行业的发展前景

4.4.1 城镇生活垃圾处理的发展趋势

随着国民经济的发展和综合国力的提高，我国城镇垃圾处理也出现了一些新动向。

（1）适合我国国情的综合处理技术将得到进一步发展

由于我国幅员辽阔，经济发展很不平衡，决定了垃圾处理技术也要因地制宜，发展与国情相适应的综合处理、利用技术。常州市的生活垃圾处理"三合一"工程，这项工程是集三大处理技术于一体的综合性工厂，经过几年的运行，效果显著。类似的综合处理技术的成功利用，将极大地推进我国城镇垃圾处理的发展。

（2）垃圾收运技术和机具的发展加快

由于垃圾收运技术和机具的水平直接影响垃圾收运的效率，影响市容市貌。根据规划目标，我国到 2000 年城镇垃圾清运作业机械化、半机械化水平要达到 90%，道路清扫作业机械化程度要达到 40%，而目前道路清扫机械化清扫率不足 5%，因此要达到所制定的目标需要大量的环卫机具和设备，这样势必加快垃圾收运技术和机具的发展。

（3）焚烧处理逐渐成为热点

在我国东南沿海城镇和其他经济比较发达地区，随着经济的发展和农村城镇化进程的加快，已经很难找到合适的土地进行垃圾填埋，焚烧处理成为近年来发展的新趋势。而同国外发达国家相比，我国的垃圾焚烧处理技术刚刚起步，不能满足垃圾日益增长的需要，并且国外各大公司都纷纷抢占我国市场，竞争非常激烈。我国现在已有很多城镇拟订了建设垃圾焚烧厂的计划，因此，垃圾的焚烧处理将会愈来愈成为热点。

4.4.2　我国城镇生活垃圾处理重点考虑的几个问题

通过对全国范围内生活垃圾处理行业的调查，为提高我国城镇的环境质量，对城镇生活垃圾进行有效的处理，经分析，提出以下措施建议。

（1）从根本上减少城镇生活垃圾的产生量

　　首先，城镇人口的增长是致使垃圾产量剧增的一个主要原因之一，严格控制城镇规模和人口增长，可以减少垃圾的产生。其次，实行清洁生产，减少商品包装。所谓清洁生产，就是要使用清洁的能源，清洁的工艺，清洁的产品，尽量减少商品包装，前置性减少垃圾量。第三，积极发展城镇燃气和集中供热，主要是减少煤渣、煤灰等无机垃圾的成分和含量。第四，采取垃圾分类收集、分类运输、分类处理的方法。

　　（2）大力开展适合我国国情的生活垃圾处理技术的研究和应用

　　在研究我国城镇垃圾特性的基础上，认真总结我国城镇垃圾的传统处理方法的经验，吸收国外成熟技术，研究和开发具有我国特点的、合理的、设备简单、投资省、效益高的工艺技术，同时大力开展与垃圾处理系统相适应的垃圾收集、运输机械设备的配套工作。

　　（3）加快城镇生活垃圾管理和技术人才的培养

　　为了对城镇生活垃圾实现有效的控制，大力培养对生活垃圾管理和处理、处置的技术人才是必不可少的重要措施。从目前我国从事垃圾管理、研究、设计和施工单位的情况来看，普遍存在专业技术人才严重短缺的现象。在环卫行业中，从事科研的人员只占整体工作人员的 0.6‰，而且这些科研人员真正从事环卫领域的科研，研究的程度如何还不能确认，但目前这一领域的研究与其他领域相比是非常落后的。

　　根据目前我国城镇生活垃圾管理和技术队伍的现状，垃圾污染控制的需要，以及过去取得的经验教训，今后该领域主要需要以下几个方面的人才培养：

　　1）垃圾基础数据统计监测、分析人才培养；

　　2）垃圾处理、处置技术及装备开发的研究人员；

　　3）垃圾处理处置设施运行管理人员；

　　4）垃圾处理行业管理人员。

（4）逐步建立起城镇生活垃圾处理体系标准和各项管理法规

近年来，由于城镇生活垃圾对城镇的市容环境的影响越来越大，促使各级政府乃至人民愈来愈加深了对城镇垃圾管理的认识，不断加强了对城镇垃圾的科学管理，并在此基础上制定和颁布了一系列城镇生活垃圾管理的法规和标准。主要有国务院颁发的《城市市容环境卫生管理条例》、建设部颁发的《城市生活垃圾管理办法》和《城市环境卫生设施设置标准》等。但是城镇生活垃圾处理技术标准体系仍需完善，尤其是没有完备的垃圾无害化处理技术标准体系，导致人们对垃圾的无害化处理概念模糊，也就很难对垃圾进行真正的无害化处理。因此，解决城镇生活垃圾污染控制问题的关键之一是建立健全相应的法规、标准体系。

4.4.3　我国城镇生活垃圾处理的政策导向研究

（1）指导思想

研究我国城镇生活垃圾处理可持续发展战略的对策，应体现系统性、全面性、针对性、连续性、现实性、长远性、指导性和政策性，并以此作为指导思想。

系统性：我国城镇生活垃圾的处理是跨部门、跨行业、跨时空的社会化系统工程。

全面性：着眼于我国的各大、中、小城镇。

针对性：针对我国城镇生活垃圾处理所存在的问题。

连续性：是此前已采取的被实践证明是行之有效的措施和办法的延续和发展。

现实性：从我国的国情出发。

长远性：需具有前瞻性。

指导性：我国幅员广大、情况各异。有的措施和办法应视为指导意见。

政策性：有的重要措施和办法应具有政策的约束性。

（2）政策导向研究

1) 认真贯彻实施可持续发展战略

江泽民同志 1996 年 7 月 16 日在全国环保会议座谈会上指出:"在社会主义现代化建设中,必须把贯彻实施可持续发展战略始终作为一件大事来抓。经济的发展必须与人口、环境、资源统筹考虑,不仅要安排好当前的发展,还要为子孙后代着想,为未来的发展创造更好的条件。有些同志忽视环境保护工作,认为先把经济搞上去再说,环境保护可以暂放一边。这种认识是不对的和有害的。世界发展中一个严重的教训,就是许多发达国家走了一条严重浪费资源和先污染后治理的路子,结果造成了对世界资源和生态环境的严重损害……""……在加快发展中决不能以浪费资源和牺牲环境为代价。任何地方的经济发展都要注重提高质量和效益,注重优化结构,都要坚持以生态环境良性循环为基础,这样的发展才是健康和可持续的。"

2) 关于城镇生活垃圾处理的城乡一体化问题

江泽民同志在全国环境会议座谈会上强调指出:"我国环境保护工作已经有了较大进展,既要肯定已有的成绩,又要清醒地看到目前我国的环境形势还相当严峻。城镇环境污染仍在加剧,并向农村地区蔓延,生态破坏的范围在扩大。必须认识到,保护环境的实质就是保护生产力,这方面的工作要继续加强。"对于城镇生活垃圾来说,就是不要简单地搞污染搬家。城镇生活垃圾在没有清扫、收集之前,或呈弥漫性污染状态(如道路、水域的污染),或呈点污染状态(如生活垃圾收集容器和设施的设置点)。如果只是简单地清扫、收集、并运往郊区(县),那么污染就会蔓延到农村地区。只是变成了相对集中的污染状态。为了防止发生这种情况,就要搞好城乡一体化规划,并按照无害化、减量化、资源化的要求,处理好城镇生活垃圾。其中的关键是规划好、建设好、运营好生活垃圾处理、处置工程(设施)。

3) 关于把城镇生活垃圾处理规划纳入城镇发展总体规划问题

根据近几十年的经验，做好这项工作的要点如下：

首先，做好城镇生活垃圾的处理规划。其内容应包括生活垃圾的源头减量、清扫、收集、运输（转运）、处理和处置全过程。应采用系统工程的理论和方法把该规划编制好。

其次，城镇生活垃圾处理是城镇环境卫生工作的一个重要组成部分。因此，第一步是把生活垃圾处理规划纳入城镇环境卫生工作规划，第二步是把环境卫生工作规划纳入城镇发展总体规划。

第三，纳入城镇发展总体规划的要点是落实用地（最好落实到规划红线）、落实资金和立上项目。其中落实用地是关键。生活垃圾处理设施建设"选址难"正困扰着各个城镇，全世界各国亦然。

第四，城镇生活垃圾处理设施的发展要做到"三同时"、"三避免"，即和城镇的发展同时规划、同时建设、同时验收并投入使用；避免游离于城镇发展总体规划之外、避免立项在"最后"、避免压缩项目在"最前"。

为了抓好这项工作，1987 年 4 月 25 日原城乡建设环境保护部印发了"关于把城市环境卫生设施的建设纳入城市总体规划的通知"（(87) 城城字节 253 号）。1990 年 9 月 29 日建设部城市建设司印发了："关于抓紧城市环境卫生设施规划编制工作的通知"（(90) 建城卫字第 91 号）。并把这项工作提高到了贯彻《城市规划法》的高度。对照前后两个通知不难发现，时隔 3 年又发通知"催办"，"通知"中的"抓紧"即此意。"八五"期间为了推动这项工作作了很大努力，如总结典型经验进行推广交流等。但现在看来，发展仍不平衡，差距仍然较大。

4）城镇生活垃圾处理收费和财税激励机制

随着市民环境意识和生活水平的提高，实行城镇生活垃圾处理收费制度是可能的。由于城镇生活垃圾的处理是重在环境和社会效益，给予财税激励政策也是合理的。因此，现在的迫在眉睫的任务是，制订城镇生活垃圾处理收费和财税激励机制方面的法规。

第5章 国外的经验

5.1 政府管制

5.1.1 美国与英国的政府管制改革历程

（1）美国

"管制改革（regulatory reform）"起源于 20 世纪 70 年代中期的美国。像一切制度变革一样，思想解放发挥了前导性的作用。注重经验研究——就是从实际后果、而不是从所宣称的伟大意图来检验经济制度和政策的正确性——的经济学、法学和其他社会科学，从美国 20 世纪 30～70 年代发展到登峰造极的管制实践中，发掘出大量资料证明"管制失灵"对经济效率的负面影响，要比所谓的"市场失灵"更加严重。芝加哥大学的斯蒂格勒教授以他关于"管制者是被管制行业和企业的俘虏"的著名发现，获得了诺贝尔经济学奖。不过，只有当奉行中间政治路线的布鲁金斯学会以及耶鲁大学、哈佛大学的名家们纷纷加入之后，挑战管制主义的思想理论才成为不可阻挡的洪流。

因为一些地方接受了经济学家的建议，环境保护成为"生意"。由议会决定年度性可污染的"额度"，然后各方投标竞买"污染权"。当然，美国式"私有化"的还有城镇供水系统。

解除管制并不意味着政府什么都不管了，而是政府从最不适应的领域和环节"退出"，从而集中精力和财力，在需要政府管理的环节加强管理。

（2）英国

比较起来，20 世纪 70 年代末撒切尔夫人领导的市场革命，中心旗号是"私有化"而不是"解除管制"。这是英国国情约束的结果，表明各国总要在各自的经济、政治和社会的具体环境中解决各自面临的紧迫问题。

作为老牌的资本主义国家，英国国力的逐渐下降源于其竞争力的丧失。为此，英国政府并没有简单照搬"管制市场"的传统模式，而是直接吸取美国"管制改革"的经验，探索建立更加有效率的政府管理市场的体制。"国有化"是政府直接运用对国有公司的控制权，从内部直接控制国家经济命脉。当国有公司私有化之后，公司有了私人的股权，甚至被私人资本控股，公司有了市场盈利的动机，很可能利用其既有的大公司"市场权力"，将国家对市场的垄断转化为私人对市场的垄断。

事实上，撒切尔政府在准备英国私有化方案的同时，非常注重美国的政府管制市场的经验。具体说来，英国的如下四点经验值得我国格外注意。

第一，售国有资产（"私有化"）与开放政府垄断市场并举。

第二，政府启动竞争结构的形成。由于英国国有化范围广大，严重窒息企业家创业精神，并不是一宣布开放市场，很快就可以形成竞争性的市场结构。在这种具体约束之下，英国政府通过立法，设立新公司进入原先政府独家垄断的市场，先形成"双寡头垄断竞争（duopoly）"局面，然后通过逐步增发经营执照，增加市场竞争者的数目，直到完全开放市场准入。

第三，管制机构非行政化。因为政府对正在开放的市场的必要管理，涉及巨大的、多方的利益。英国建立了许多包括产业、消费者、独立的专家系统与行政官员组合的市场管理机构，由专门的法令规定其信息交流、权力运作的程序。

第四，逐步扩大市场性监管，减少行政性监管。事实上，政府设立专门机构管制市场，所要达到的目标，比如物美价廉、品质保障、非歧视和市场秩序等等，可以经由各种手段达到。在私有化和市场开放的早期阶段，"专门管制机构的监管"要占全部监管的绝大部分，而后，伴随着市场竞争程度的逐步提高，"行业自律性监管"的比重提高，而"竞争对手互相提供的行为约束"越来越占有重要地位。

5.1.2 日本公用事业政府管制

二战后，日本一直对城镇公用事业等产业价格实行政府直接控制和管理，其主要原因是这些产业基础设施投资巨大，生产及供给网络系统一体化经营，极易形成产业自然垄断及垄断价格，如不对其加强管理，对社会生活、经济发展和消费者利益都将产生负面影响。经过几十年的实践，日本逐步完善了对公用事业价格的管理，形成了迄今为止还发挥重要作用的管理体制，其基本特点是：完备的法律依据，明确的管理原则，规范的定价审批程序，按不同行业划分的分层次管理机构。

（1）公用事业价格管理的法律依据

日本于1947年制定了《反垄断法》，该法的主要目的是保证公平自由竞争，保护消费者的利益。同时，该法还对具有自然垄断性质的铁路、电力、煤气等产业，提出制定相应的法律，以规范其生产经营行为的要求。此后，就垄断产业分门别类地进行了立法，如燃气行业的《燃气事业法》，自来水行业的《水道法》等。在上述分行业立法中，均就本行业的价格管理原则设立了专门条款，如《水道法》第14条第4项中，分别对定价方法、对不同用户公平公正对待及价格的明确性提出了要求（各法有关价格管理的条款概况见表5-1）。由于有了较为健全的法律体系，为政府管理垄断性产业价格提供了制定政策的依据，也为管理监督企业生产经营奠定了重要基础。

（2）公用事业价格管理的基本原则

公用事业中不同行业价格管理原则虽在提法上有所差别，但

表 5-1

日本垄断产业部分行业法律有关价格管理的条款内容

行业及有关事业法	总成本原则定价	公平对待用户原则	对需求方负担能力的考虑	禁止不正当竞争
电力《电气事业法》	在有效率的经营中以合理的成本加适当利润（法 19 条 2 项 1 款）	不允许对特定用户给予不公正待遇（法 19 条 2 项 4 款）	在通产大臣确认其妨碍增进公共利益时，可下令批准原定价变更的申请（法 23 条）	—
燃气《燃气事业法》	（同电力）（法 17 条 2 项 1 款）	（同电力）（法 17 条 2 项 4 款）	（同电力）（法 18 条）	—
铁路《铁路事业法》	（同电力）（法 16 条 2 项 1 款）	（同电力）（法 16 条 2 项 2 款）	考虑旅客车费及货物运费的负担能力，使用户不以利用该事业感觉困难的价格（法 16 条 2 项 3 款）	不应有与其他铁路运输业者发生不正当竞争的可能（法 16 条 2 项 4 款）
汽车、出租车《道路运送法》	（同电力）（法 9 条 2 项 1 款）	（同电力）（法 9 条 2 项 2 款）	（同铁路）（法 9 条 2 项 3 号）	—
城镇供水《水道法》	（同电力）（法 14 条 4 款）	（同电力）（法 14 条 4 款）	—	—

其主旨是基本一致的：

1）总成本原则（日本称"总括原价主义"）。由于公用事业提供的商品或服务具有垄断性，所以其价格不应使提供商品或服务的企业获取超额利润，同时，也不应使这些企业生产经营的费用得不到弥补。基于这种认识，公用事业总体价格水平的制定应按照企业高效经营，向用户提供优质商品或服务所必需的总成本的原则进行。这就是所谓总成本原则。总成本概念涵盖的范围主要包括：营业费、营业外费用与事业报酬之和，扣除副产品收入、营业外收益和提高效率的目标额。

2）合理报酬原则（公正报酬原则）。公用事业不应仅仅以利润为目标。但为维持公用事业各项事业的经营基础，应该使其在经营中获取一定水平的利润，并作为其总成本中的一个必要部分。这就是合理报酬原则。利润水平核定的实际操作，主要按其企业资本回报率进行，其中要考虑资本比例结构（自有资本和他人资本比例）和融资利率等因素。

3）公平对待用户原则（对需求方公平对待原则）。该原则也称个别成本主义，是指不允许对需求方有不正当的差别对待。其目的是保护需求方的正当利益，防止企业利用其垄断地位使某些特定用户受到不公平对待。

（3）公用事业价格的调整审定程序

政府审定公用事业价格有法定的程序：先由生产企业按定价原则测算调价方案并向主管部门提出申请，主管部门受理调价方案后进行审核、咨询，主持召开有需求方参与的公开听证会，提出对调价方案的意见，必要时（如调价方案关系到总体社会经济运行）要由经济企划厅物价稳定政策会议复议，并报物价内阁阁僚会议做出决定，按此决定由主管部门签署认可意见，最终由申请调价的企业公布并实施。

（4）公用事业的销售价格体系

日本公用事业由多种销售价格形式形成了较完善的体系。归纳起来，其主要销售价格形式有：

1）单一销售价格。如按为货物或人次数量运输距离计价，主要实行于铁路、公路（包括公共交通）运输。

2）两部制销售价格，即按基本价格和从量价格计价。基本价格是按用户消费容量不超过某一数值时的固定收费标准，其依据是：为保证用户即时消费得到满足，从生产企业到供给网络都必须按高峰负荷量配置设备，费用无论用户是否处于消费状态都将要发生。从量价格是按用户实际消费数量收费的价格。两部制销售价格主要实行于电力、城镇燃气和城镇供水。

3）季节差价格和分时段价格。即根据季节和不同的时间段，实行不同的价格。主要目的是调节需求，减少需求总量波动的幅度。

（5）公用事业价格管理机构与权限

日本公用事业价格管理机构主要可分为两类：

1）在必要时提出政策建议或作出决定的高层次会议，其中包括：①物价阁僚会议。由首相主持，内阁大臣参加审定重要的公用事业价格标准和价格政策。②物价稳定政策会议。由经济企划厅事务次官主持，各有关省厅物价负责官员参加，讨论所辖范围内的公用事业价格政策和价格调整，并提出建议，该会议没有最终决定权。

2）各级政府的主管部门。主要包括：①经济企划厅物价局。由于各部提出的价格政策一般从促进该行业发展的角度出发，因此有时与国民经济总体发展要求及消费者利益不一致，在遇到这种情况时，由经济企划厅进行协调。2001 年撤销了经济企划厅，改为内阁府，仍将负责对通货膨胀、垄断产业（公用事业）和农产品价格进行必要的监控。②通产省。负责管理所管辖行业的调定价格申请受理、咨询，主持公众听证会并进行审核。

日本公用事业价格审议权限有明确分工：中央政府批准的项目包括：电力价格、煤气价格、铁路运输（含地铁）价格、公共汽车和出租车价格等。地方政府批准的项目包括：城镇供水价格等。

(6) 公用事业中特殊行业的政府补贴

公用事业按总成本原则定价，一般不予补贴。这样形成的价格较高，考虑到低收入居民的承受能力，公用事业价格在实际操作中低于按总成本原则拟定的水平。为了保证经营者的利益，使之能够正常营运，由此形成的亏损政府给予补贴，补贴金额相当于实际价格与总成本原则拟定价格的差额。补贴来源一般由地方政府负担。

(7) 公用事业价格改革措施

二战后至 20 世纪 80 年代前后，日本公用事业得到了很大发展，供求平衡或供大于求的格局基本形成，与此同时，公用事业由于政府管制缺乏竞争、效率低下、服务质量不高的问题日益引起人们的关注。在上述的背景下，20 世纪 90 年代以来日本朝野逐步形成了放松政府管制，引入竞争机制，提高公用事业商品和服务质量的社会共识。

据日本公正交易委员会经济交易局调整课负责人介绍（该委员会按照《反垄断法》第八章设立并工作），对公用事业现行规制进行改革的具体理由，可以概括为三个方面：一是采取现行规制体制已有很长时间，而社会经济环境已发生了巨大变化；二是在实际经济生活中，已经反映出某些规制阻碍竞争、束缚企业、许多企业不认真提高效率的问题；三是许多规制是在经济未国际化时制定的，现在经济已高度国际化，因此应考虑与国际通行的规制接轨，减少开放市场、引入资本的阻力。

有资料显示，日本政府正在积极酝酿和进行公用事业及价格管理体制改革，主要内容有：

1) 放宽准入限制，以利于引入竞争机制。原来对公用事业申请准入的审核非常严格，限制了新的生产经营者的参与。

2) 取消个别行业某些价格的管制。

3）改变政府定价的方式，促进企业提高效率。过去政府分别对不同企业进行定价，各企业大体能实现自身的价格要求，因而缺乏利益比较和改进管理的内在动力。现在这种状况正在改变。如为了促使电力企业挖掘潜力，降低成本，政府制定电力最高限价。在同一价格水平下，经营好的企业将有更多盈利，管理差成本高的企业则面临利润减少甚至亏损的压力。铁路票价审定也采取了最高限价的方式，企业在此价格之下，可以自行调整价格，只需向主管部门备案，不需审批。

4）提高公用事业价格调整审定的透明度。过去设立的有需求方参与的听证会，使公用事业价格审定有一定的透明度，但舆论认为仍然不够，要使价格审定进一步公开化。

5.1.3　澳大利亚公用事业引入竞争机制的改革

为了解决公用事业效益不高、服务质量较差的问题，澳大利亚从 20 世纪 80 年代末开始进行公用事业的改革。在改革中，澳大利亚政府一方面引入非国有资本，实行股份化改造；另一方面努力创造公平竞争的环境，鼓励这些行业内不同所有制企业之间展开公平竞争。澳大利亚在公用事业引入竞争机制的改革是在市场经济体制比较完善的情况下进行的，改革中出现的就业、社会保障等问题比较容易通过市场机制来解决；各级政府之间的利益调整问题，也可以通过法律和协商机制加以解决。从总体上看，具有以下特点：

（1）联邦、州、地方三级政府各有侧重

澳大利亚是一个联邦制国家，分为联邦、州、地方三级政府。在由政府管制形成的垄断中，各级政府的作用不同，改革中要解决的问题和采取的措施也不一样。

联邦政府主要通过放松管制，促进全国统一市场的形成和出售公有财产的方法，将非国有资本引入公用事业，促进公用事业内部形成不同所有制企业间的竞争机制。

州政府的改革，主要是出售一部分公有资产，并通过招标的形式出售经营管理权，如南澳大利亚州将输送天然气的管道网以24亿澳大利亚元的价格出售给私人经营。州内部公路建设和经营权通过招标方式出售给私人。

地方政府直接经营一些服务性工作，如城镇环境卫生、垃圾及废弃物处理、城镇公园的管理、政府办公楼的清理等。改革以后，地方政府通过招标，将这些工作承包给私人企业。

（2）重视利用法律手段发挥政府的监督管理职能

政府在改革中，不是简单地实现私有化，而是在引入竞争机制的同时，加强了对这些行业经营情况的监督和管理，以保证为社会提供更好的服务。为此，澳大利亚设有专门的监督和管理机构，如澳大利亚竞争和消费者委员会（ACCC）是专门负责公用事业的市场交易的机构，不仅在全国范围内监督这些行业的价格和服务质量，而且接受和审理消费者的投诉。根据澳大利亚法律的规定，这些负责监督的机构的权力是议会赋予的，每年都要向政府或议会报告监督情况，接受政府或议会的监督。这样就形成了一套建立在法律基础上的社会监督体系。

澳大利亚政府十分注意创造公平的竞争环境，以保证新企业有条件与原有企业开展公平竞争。

（3）从各州实际出发逐步推进

澳大利亚是联邦制国家。根据法律规定，联邦政府的权力是州政府赋予的，全国性改革措施的实施需要征得各州的同意和支持。处理好联邦政府与州政府，以及各州之间的关系对推进改革具有重要意义。从总体上看，澳大利亚联邦政府注意尊重州政府的自主权和地方利益。各州政府也支持联邦政府推进这项改革。各州政府在推进这项改革中，也都注意从本州的实际情况出发，逐步推进竞争政策的改革。联邦政府不强求各州政府进行同步改革。

在改革的具体措施上，澳大利亚各州也有很大的自主权。例如，有些州在体制改革中将政府的企业出售给私人经营，有的州则不愿意出售。澳大利亚从各地不同情况出发，分步实现全国统一市场的作法，较好地处理了联邦与州之间的关系。这种作法当然与联邦制的国家体制有密切的关系，但是政策上因地制宜、不搞"一刀切"的作法，对推进改革，起到了重要作用。

5.1.4　国外经验对我国公用事业改革的启示

（1）私有化并不等于打破垄断、引入竞争机制

从发达国家打破垄断，引入竞争机制的改革实践看，有些行业实行私有化（股份化）以后，很快形成了竞争机制，但也有一些行业实现股份化改造后并没有形成竞争机制。这种情况实际上体现了企业利益与消费者利益、市场机制与政府管制之间的矛盾，这个矛盾仅靠私有化或市场竞争无法解决，需要政府进行必要的干预和组织工作。

从发达国家的情况可以看出，私有化、股分化并不是引入竞争机制的惟一条件。只有在同一行业内打破独家垄断，形成由多家具有不同利益的主体经营的局面，才能够形成竞争机制。而为用户提供良好的服务，不仅要靠竞争机制，而且需要有政府的监督、协调和管理。

（2）技术进步在打破垄断、引入竞争机制中具有重要作用

目前，传统公用事业中的相当一部分正在变成竞争性行业。出现这种变化的重要原因之一是技术进步。因此，打破垄断，引入竞争机制与技术进步有着十分密切的关系。有些行业的某些方面改革后没有形成竞争机制，与技术进步的步伐不适应发展的要求有直接的关系。因此，打破垄断，引入竞争机制，不仅需要体制改革，还需要技术进步为改革创造条件。

（3）改善管理提高效益

从发达国家推进竞争政策的改革看，在目前的经济技术条件下，公用事业的一些环节暂时还不具备引入竞争机制的条件。如

各城镇也不可能建设两套或更多套的居民供水管网，形成供水企业间的竞争。出现这种情况的主要原因，一方面是技术条件不具备，另一方面也是经营成本和规模经济的要求。为了提高这些行业和环节经济效益，发达国家在选择经营主体上引入竞争机制，在约束经营主体行为上运用法律手段。但是，这些做法往往是事后的管理，而不能像竞争机制那样对经营者形成适时的管理和监督。如何进一步提高这些暂时无法引入竞争机制的公用事业的效益水平和管理水平，为居民提供更好的服务，仍然是一个需要进一步研究和探索的问题。

5.2 国外水行业

5.2.1 国外政府对水业的监管

（1）美国监管模式

国家监管部门与公司企业完全对立，各自的责任非常明确，是纯粹的黑白关系。一旦企业有违规行为或面临困境，监管部门就会将其送上法庭，让法律来制裁。美国的监管模式的特征是：制订严格规范的法律制度体系，严格管制，是一种"命令式的管理"。

（2）欧洲监管模式

欧洲监管模式的特征是：国家监管部门与公司企业关系和谐、融洽，一旦企业遇到问题，监管部门会和企业友好地协商解决，是一种"协商式管理"、"协议式管理"。欧洲的许多国家认为：很多监管的责任是不能完全分离和划清界限的，而是一种复杂网络关系，强调只有互相协商和配合才能从根本上解决问题。也有一些国家如东欧的国家现在仍处于"命令式管理"模式。

（3）荷兰监管模式

荷兰监管模式发展经历了20世纪70～80年代的"命令式管

理"阶段,目前已经过渡到"协议式管理"阶段,随着人们意识的提高,现已经向"自愿式管理"阶段过渡。荷兰对水业基础设施建设的监管模式将在案例分析中重点介绍。

5.2.2 布宜诺斯艾利斯水服务协议(阿根廷)

(1)背景和投标过程

布宜诺斯艾利斯合同是目前在供水服务这一市政服务行业中最大的特许协议,其服务面积包括了布宜诺斯艾利斯这个总人口1200万(占阿根廷总人口数的1/3)的城镇中绝大部分人口。这个合同是以国际投标方式签订的,世界银行参与了该合同的准备工作,尤其是合同的起草、合同实体的产生以及目标设定等工作。

在招投标过程中,阿根廷-欧洲财团 Aguas Argentinas 最终获胜,并于 1993 年 4 月 28 日签订了合同,法国的里昂水务公司最终被指定为经营者,该公司占 Aguas Argentinas 财团近 35% 的股份。

(2)项目目标

在合同签订时,服务范围内近一半居民的供水服务是由以前州政府指定的供水和排水收集机构 OSN(Obras Sanitariasdela Nacion)经营机构提供的。

600 万人的供水是由一些条件极差、年久失修的管网提供的,另有 400 万居民则根本没有被提供饮用水服务,而是在没有卫生和质量保障的水井中提水,提供水服务的公共机构缺乏解决该地区人口增长造成的资源问题的措施。指派给 Aguas Argentinas 共同体的第一个目标就是到合同期满时,保证为服务范围内所有居民提供饮用水。

针对这一问题,Aguas Argentinas 共同体提出的主要对策为:合同执行期间更换 45% 的供水管网、提高现有两个给水处理厂的处理能力,并新建一个给水处理厂做补充,将渗漏的检测和损失的减少更系统化。

同饮用水的生产和输配问题相比，低资金投入以及公共部门对服务行业重视程度不够等问题对污水的收集和处理所造成的影响更严重。到合同生效时，仍然有 500 万居民没有连接到污水管网系统中，且排放出的污水中有 95％没有经过处理。

到特许合同期满时，所有的居民都必须连接到管网系统中，而且恢复地表水和地下水资源的质量。

除了废水的收集外，特许权获得者需要逐步建设相应的处理设施，而这些在合同签订之前是根本不存在的。到 30 年合同期满之时，保证收集的所有污水均在处理后排放。

（3）融资方法和计划

在需求量和需求的紧急程度被确定（相对于工业化发展和人口持续增长的背景）的情况下，特许权获得者设计出一个 6 个五年的融资和运作计划。

在整个融资计划进度表中列出每个阶段的具体目标，根据这个计划，估计到 30 年合同期满时的整个合同期间，共需消耗资金 41 亿美元（根据 1992 年 8 月竞标提交日的行情）。

这些资金中的 60％将用于管网的更新和扩建，根据最初对整个水处理系统的评价，投资计划设计如下：通过管网的适当扩建，达到供应整个服务区居民饮用水服务的能力；满足污水收集和处理领域大型设施的需要。

（4）特许协议的初期执行情况

经过 6 年的发展，到 1999 年末，Aguas Argentinas 共同体已经取得了一些明显的成果：

饮用水供应能力从 360 万 m³/d 升高到 500 万 m³/d，升高了 39％，确保了自特许协议签订以来水服务的连续性（夏季也没有中断）。

Aguas Argentinas 控制室每年进行 50 万次水质量分析，最近这些分析得到了 ISO 25 的认证。

给水输配管网扩展了 27％，可以另外提供 200 万居民服务。

污水管网扩展了 19％，可以额外提供 100 万居民服务。

市场调查表明：消费者满意程度达到 70％，使用费上缴率达到 94％。

1500km 的供水和排水管网被更新或修复。

污水处理能力达到相当于 87 万人口的水平。

公司安装了现代化的计算机设备，这不仅可以根据一个双月账单程序表提高 300 万消费者账目管理的效率，而且可以通过采用高级网络模式、与实际中整个服务系统经营管理相一致的操作系统、地理信息系统、处理消费者问题的电话热线中心、若干的收费系统以及直接的市场活动等措施提高经营技能。

Aguas Argentinas 共同体在 1993 年时仅有 2 台微机，到目前为止，它为共同体的 3900 个职工提供了 2500 台微机，而且所有微机均和里昂水务公司的内部网络相连。

虽然在特许协议的执行过程中取得了这些成就，但是其服务价格却下降了 27％。即使去除通货膨胀以及投资计划的加速等的影响，其价格仍然较合同生效时低 13％。

5.2.3　西部沙洲（巴勒斯坦）供水管理合同

（1）合同目的

为了使西部沙洲（巴勒斯坦）的给水供应和排水管理实现现代化，成立于 1994 年 12 月的巴勒斯坦水服务机构决定以经验丰富的私营经营者取代市政机构进行经营。为此，1998 年 6 月，世界银行决定提供设施改造的资金支持，并将给水和排水服务管理的责任通过国际投标，以 4 年合同形式授予私营经营者管理。

1999 年 4 月，Vivendi 水服务公司的子公司 Généraldes Eaux 以及巴勒斯坦的 Khatib & Alami 工程咨询公司组成的财团最终获得了合同经营权。私营经营自 1999 年夏季开始，由 20 个领导者领导了 Bethlehem 和 Hebron 两地区 200 名职工对这两地区 407129 人提供服务。

（2）水服务供应的情形

西部沙洲每年可以利用的可再生水资源估计有 8.5 亿 m³，其中有 5.8～6 亿 m³ 取自 600m 深的地下储水层和水井。当地每年的水消费量估计为 1.4 亿 m³，其中 0.35 亿 m³ 用于家庭消费，0.05 亿 m³ 用于工业消费，另 1 亿 m³ 用于灌溉。最近一次统计（1995 年）表明：预计到 2000 年，这三项用水的总消耗将达到 2.41 亿 m³，其分配形式如下：1.03 亿 m³ 用于家庭消费，0.107 亿 m³ 用于工业消费，另 1.27 亿 m³ 用于灌溉。

由于输配管网和服务供应管理方面的不足，实际供水仍然不能满足人们的需要。现有设施不能不间断地提供充足的饮用水，这主要是由于：基础设施投资过低、设备陈旧、缺乏充足的更新计划、对设施的维护较少、管网中水流失严重（接近 50%）、不合法的连接、水表设备的遗失、用户水表不适用或走不准以及系统的水头损失等。

（3）私营经营者的资金来源和收费问题

西部沙洲合同的资金主要来自于世界银行为设施重建提供的 2500 万美元的贷款。世界银行同时也在私营经营者为期四年的服务管理合同的准备以及各种目标设定方面做了大量工作。私营经营的报酬包括一个固定部分和一个与执行情况相联系的可变部分，这实际是对合同承包方的一种激励机制。

（4）合同的执行

被当地称为 GEKA（财团中两个公司名称首字母的缩写）的 Vivendi 水服务公司的子公司 Généraldes Eaux 和 Khatib & Alami 组成的财团提出了一个行动计划，用以提高西部沙洲给水和排水服务的管理。为了完全达到合同规定的目标，该计划中提出分别建立行政和财务机构以及经营机构。

1）技术目标

私营经营者所有的任务可归纳为五大类：

给水供应和排水服务保质保量地快速发展；

设施的修复（输配管网、泵站、水库等）；

行政和财务管理（合同日常监督、消费者关系管理）；

加强对现有水服务相关机构的管理；

私营部门提供水服务供应的任务。

2）所建立的两个机构分别为行政与财务机构和经营机构

行政与财务机构：

采用行政和财务手段，对合同执行情况进行日常监督；

开发计算机软件以提高以下功能：开发票、账目收取以及消费者关系的管理；

设计监督系统的维护和修复工作的软件包；

提出详细的管理计划；

对计划进行评估；

建立信息收集办事机构，解决需求问题，并设立消费者须知。

经营机构：

新的经营和维护措施的引入；

对整个管网系统渗漏的检测和维修；

仪表的安装和读取；

水样的采集和分析；

对不合法连接的检测；

详细列出维修工作以及大量的系统革新的需求。

（5）项目的初步评估

自合同生效 6 个月以来，执行的结果是令人满意的，亟待解决的工作（即作为对消费者服务质量提高的管网中渗漏问题的检测和修复）得到了及时的完成。地方政府（城镇或乡村）以及经营者在确保合同的顺利实施方面起了重要作用。虽然今后还有很多工作要做，但初期的工作成果是鼓舞人心的。

5.2.4 亚特兰大（美国）水服务管理

（1）简介

亚特兰大城镇总人口 360 万，而且过去十年来以 10％的速度增长，其中接近 65％的亚特兰大居民是非洲裔美国人，而该城镇发展最快的地区却是西班牙裔居住区。该城镇是一个国际商业中心，也是许多国际大公司，如可口可乐、CNN、UPS、德耳塔航空公司和 Southern Bell 总部所在地。

但是该地区水服务领域的基础设施已经严重过时，均处于亟待维修的状态，这同该地区的飞速发展以及其国际商业中心的地位严重不符。

1997 年 2 月，该市的民主党市长 Bill Camlbell 宣布将引入私营部门管理基层设施。这个决定的提出主要是缘于需要寻找提高服务质量的革新措施，或者说是将给水供应和排水服务的比例提高到大于 80％。

（2）竞标过程

亚特兰大着手进行招标活动的主要目的是对其给水基础设施进行经营、维护以及为消费者提供 20 年的服务。1998 年 4 月，通过一个简单的筛选程序选择出 5 个财团。同年夏季进行了投标活动，最初的竞标方案在 6 月提交，最终在 1998 年 8 月 21 日决定中标者。

1998 年 8 月 27 日，亚特兰大城市发展委员会宣布，美国专门经营城镇和工业给水和排水委托管理的里昂水务公司的附属公司 United Water Services（UWS）最终获得竞标。

该合同于 1998 年 11 月 10 日签署，而专门为该项目成立的亚特兰大 UWS 公司将在 1999 年 1 月 1 日午夜最终接管该城镇所有的水服务经营。

（3）合同以及财务管理

投标程序中要求承接项目的财团中必须包含有非洲裔美国人

和西班牙裔美国人的地方公司，因此，亚特兰大 UWS 财团是以
UWS（65％的股份）和地方工程公司 William、Russell 和 John-
son（WRJ）合伙形式成立的。

在美国，供水和排水基础设施方面的投资主要是政府提供给
市政的无息贷款。这种财政措施给 20 年的委托管理合同施加了
很大的限制因素。而亚特兰大的合同也受到这些限制因素的影
响，实际上，亚特兰大 UWS 财团并不对基础设施的每部分进行
融资，更不参与设计和建设阶段。而且，亚特兰大 UWS 财团的
主要任务是进行提高服务等级方面的财政投资，据估计，在 20
年的合同期间，此方面的总投资不会超过 2000 万美元。

从亚特兰大城市的利益出发，合同中将给水服务基础设施的
管理与维护以及水表读数、开账单和收费等消费者的服务责任转
让给亚特兰大 UWS 财团。市长办公室负责合同的监督以及服务
比例的设定。亚特兰大 UWS 财团服务费是由市政府按月固定发
给的。

这些服务设施主要包括 3850km 的管网以及 Himphill（处理
能力 50 万 m^3/d）和 Chattahoochee（处理能力 20 万 m^3/d）两
座处理厂，总服务人口 150 万。

（4）委托事项及结果

该合同是以 20 年期限内 4.3 亿美元的价格签订的，其中不
包括市政府直接付费的能源消耗。亚特兰大 UWS 财团同意将
535 名市政职员安排到相应的城镇部门，并同地方研究机构一起
投资研究项目，以及推动城镇低水量消耗地区的服务。

亚特兰大 UWS 财团保障给消费者提供服务的质量，尤其是
给水的质量。自合同生效起六个月的民意调查结果表明：消费者
对服务质量的提高是感到满意的。

1999 年美国仅 10％的市政供水服务是由私营经营的，而亚
特兰大协议是生效的第一个，也是最大一个合同。

根据这个合同，以及关于排水服务方面的印第安纳波利斯

(Indianapolis) 和密尔沃基 (Milwaukee) 两个合同，UWS 同美国签署了三个最大的特许经营合同，其经营方面的总资金在 10 亿美元左右。

5.2.5 布达佩斯（匈牙利）的排水设备管理

（1）项目背景

布达佩斯城市覆盖的范围有 25km × 25km，总人口近 200 万。

1）陈旧的管网系统

1860 年，布达佩斯污水管线总长度为 80km。目前管网的基本框架以及城市中心的管网系统是在 1890～1910 年间，根据巴黎的设计和布局风格完成的，在 1900～1950 年间，管网总长度达到 800km。

根据 1950 年出台的法令，作为郊区化发展和周围住宅综合发展计划的一部分，该城市的许多外围地区被合并到布达佩斯市。1962 年，布达佩斯都市地区排水计划出台，直到今日，该计划一直在管网建设中应用并发展。

在 1986 年的几乎同一时刻，两个污水处理厂建成并投入运行，处理能力分别为 14 万 m^3/d（实际处理量为 10.5 万 m^3/d）和 7.2 万 m^3/d（实际处理量 6 万 m^3/d），这两个生物处理系统只能处理所收集污水的 15%，其中还包括部分雨水的混入。合计有 18 个排放口的污水没有经过处理就直接排放到 Danube 河中。

2）20 世纪 90 年代初期的情形

目前该市管网的总长度为 3100km，其中 2050km 是由分散的污水管网组成的，服务区中的 81.7 万居民户中有 12.5 万接入到管网系统中，相应的 900km 管线上连接着 90% 人口的排水口。在郊区的新居住区内，管线长度正以 20km/年的速度发展。该管网中包括 9 个永久性的大泵站以及 143 个机动性小泵站。

服务是由 1946 年设立的市政公司提供的，初期是同市政府联合经营，在 1992 年将市政公司改为市政委员会，该实体 1993 年 12 月 1 日转制为注册公司（公司名为 FCSM），其股份资本的大部分是由管网、泵站以及处理厂等基础设施构成的。通过一个管理合同，FCSM 公司也负责溢流和洪灾的防治工作，该公司负责一系列的市政建设工程（污水管网的维修和维护），职工人数为 1200 人。

（2）未来的巨额投资

随着匈牙利加入欧共体，对布达佩斯污水的收集和处理的一系列主要投资也在进行中：

该地区管道更新的速率估计每年为 30km；

现有的处理厂需要在污水和污泥的处理方面进行扩建；

需要建立一到两个新的污水处理厂；

通过特别的融资方式，尤其是政府补贴，购置新设备。

每年在排水服务方面需要的投资额估计在 1.5 亿法郎左右，其中 9000 万法郎用于 FCSM 所属设施的更新。

（3）初步合同，以及股东作为服务管理者的作用

1997 年，Vivendi 签署了一个管理布达佩斯污水管网系统的为期 25 年的合同，Vivendi 及其合作伙伴 Berliner Wasser Betriebe（BWB）共同建立了一个财团，该财团承担 FCSM 25％的风险，另外的部分由布达佩斯市政府承担。合同是通过国际招标的方式签订的，中标者的选择不仅看其技术优势，而且也要看财团出让公司股份给市政府的出让价格。

决议机构在股东大会上起草的限定条件给了财团大多数决策的否决权，其中包括财政预算方面的决策。而且财团在指导委员会中占有多数的席位。该委员会是公司的执行机构，并负责任命公司管理的指挥者，他执行公司的所有管理职能，并同具有政府设施维护决策权的决议机构共同决定公共事业部门的投资。

每年排水服务的收费是以 1997 年的预算为标准，并结合新

服务设施的投资金额，根据出水体积的预测值进行调整。其调整的基本原则为：在给定的服务区域内，污水的平均收费提高的比例不得高于通货膨胀的比例。

财团的收益是根据优先分配的原则进行的，财团将获得经营节支以及净收入增长部分的 70％的资金。

（4）再融资

由于所采用的框架结构与 EBRD 在市政方面的公共服务项目相一致，Vivendi 和 BWB 对其部分资金进行了再融资。在此基础上，该项目的私营部门合作者将 FCSM 的股票转入一个专门的持股公司，其中 30％的股票转让给了银行。

（5）项目的初期评价

最初两年的财务统计充分证实了其初期预测。公司的自融资能力升高到接近总收入的 20％，这方面的提高不仅有利于私营投资的回收，而且也有利于直接发展公共基础设施。

这些结果根源于一系列的有效的措施的运用：资金控制、根据协商裁员（18％）后进行的公司重组、资金流动的优化、无记载接口的检查、账目回收率的提高以及技术的转让。

污水处理领域的某些技术也有利于在不需要较高资金投入的情况下，充分提高现有处理厂的处理能力。

5.2.6 Mendozas 省（阿根廷）水服务管理

（1）私有化过程

长时间以来，Mendozas 省就一直考虑对其供水和排水服务进行委托管理。自 1994 年以来，省政府开始考虑将地方公共部门企业以合同的形式交由私营合作伙伴管理。通过竞标选择私营合作伙伴的计划初步形成并最终决定采用水服务管网特许经营的方式（仅对设施的经营权进行委托，所有权仍在省政府手中）。需要强调的是这一决定是在阿根廷总统的推动下，根据国内自1992 年以来的现实情况选择的，这种开放过程同服务完全委托给私营者经营又有明显的不同。

省政府初期进行委托的动机相当单纯：通过利用国际性水业服务经营者的经验和经历，提高经营效率和服务质量。为了维持对选定体系的控制力度，地方政府设计了一个相当明确的特许合同，根据合同的执行情况确定下一步的具体目标，尤其是污水管网的服务比例问题。

特许合同获得者具有对资源实行控制以达到合同规定目标的权利，这使得该合同在刺激革新和提高实施方法上更有效。

（2）项目的融资

该项目的融资完全由私营部门完成。项目的最初购买价格为1.5 亿美元，占该服务项目股份资本的 70％［另外 30％的股份分别由公司职员（10％）和省政府（20％）占有］。该财团除一些地方的合作者外，还有法国的 Saur 国际公司、美国的 Enron以及意大利的 Italgas。

经营者 Saur 国际公司持有的股票相当于财团总资本的20％。省政府要求每个竞标的财团任命一个经营者，而该经营者将被指派对服务设施进行 25 年的经营。选定的经营者必须达到两个要求：保证项目的技术有效性以及为公共服务管理公司的股东提供稳定保证。除了这个特许合同外，也通过具体的经营合同指明了经营者具体作用和义务。

（3）特许权获得者的报酬问题

该公司通过向使用者征收费用而获得报酬。项目第一个五年阶段时期的具体收费问题在竞标时已经明确设定（其中不包括通货膨胀的调节以及其他因素的影响），如果通货膨胀持续低于 4％，则不对水费作调整。而后在每个五年计划结束时将进行再协商，以根据当时的项目的影响因素，如目标的改变或新标准的颁布等，确定下一阶段的收费问题。由于公司被要求提出一个更合理的收费形式（目前的收费主要依赖于土地灌溉用户，而不是消费者），因而经营者的首要工作是在整个服务范围内安装水表。

（4）合同执行情况的指标

特许合同提出了大量的执行情况指标。在第一个 25 年经营阶段共提出了 200 项左右指标，以及一些 5 年的短期目标（第一次短期发展到 2000 年止，合同签订两年时间）。任何没有达到目标要求的情况都将受到警告性经济惩罚，而后根据实际指标的重要性分别进行整顿工作。

这些指标共分为两类：第一类主要是与服务设施的发展相关（管网的扩张，主要表现在供水和排水服务范围内服务人口占总人口的比例变化情况）。

第二类主要是服务提供情况的指标，主要集中在：

1）给水输配（水压、意见反馈处理时间、水质量问题等）；

2）输配管网的维护（进行过渗漏检测的管线长度、修复的比例、群众意见的处理和解决等）；

3）污水管网的维护（管道清洗的比例，检测、维修比例等）；

4）管网的设计等级；

5）消费者管理；

6）紧急事件处理措施的使用；

7）仪表的测定；

8）职员方面（培训、健康以及安全问题）；

9）经济收益比例（债务/总资本比、直接资本/总资本比、费用征收比等）。

（5）职员方面考虑

对职员问题的考虑被证实是一个关键问题，其中包括以下几个方面的问题：人员超编、官僚机构臃肿、行政影响、不必要岗位的设定、工作范围的重叠以及职工工作动力的缺乏等。在这个组织里劳动同盟的概念已经根深蒂固（如同阿根廷其他地区一样）。该项目得以成功实施的一个重要因素是在向竞标者转让所有权之前通过协商产生自愿服务计划书，而后对协议在财政方面的平衡进行预算。该计划共实施了 18 个月，涉及职工总数的 1/3，并根据职工决定离开时的日期给予一定的服务津贴。在引入私营化机制时，通过集体讨论对一系列的提高服务质量和收费标准的措施进行协商。然而，随着私有化的进程，将采用再协商的形式降低这些标准，以同阿根廷的劳动力市场保持一致性和竞争力。

目前，通过对职工的实际训练，职工达到了基本技能的要求（仅仅从理论上进行学习是不够的）。

（6）项目评价

现在特许协议进行了不足一年时间，因而难以对这种委托服务进行评价。然而，在投资决策方面发生的一系列变化还是很明显的：同公共部门管理时明显不同，私营管理更注重于项目消耗在整个特许合同中所占的比重。例如，对现有系统中渗漏问题的检测被认为是很重要的，但经济的杠杆却偏向于处理厂的扩建问题。

5.2.7 LaPaz 和 ElAlto（玻利维亚）两市的给水和排水管理

（1）合同目标

1997 年 6 月 30 日，玻利维亚政府将 LaPaz 和 ElAlto 两市的给水供应和排水服务设施以 30 年期限的特许经营合同形式授予 AguasdesIllimani 财团。合同自 1997 年 8 月 1 日起生效。

该合同规定了一系列的经营目标，而不是经营措施。这些目标多数与供水与排水服务的比例相关。到 2001 年末期，LaPaz 和 ElAlto 两市的所有居民区均可以通过单独的服务网络提供饮用水服务。特许权获得者也被指定尽快解决服务质量问题（饮用水以及处理后排放的污水的质量、给水水压以及对消费者意见的反馈速度等）。

合同中包含一个根据不同的生活条件征收费用的措施，即在城市用水量较大的地区（高收入人口、零售商点以及工业区）采用高的收费标准，而在低收入地区（低消费群体）采用较低的收费标准。通过这种措施，可以确保 AguasdesIllimani 财团实行管路扩张（在 4 年半时间增加了 60％消费者的给水供应）的同时也可以获得经济效益。

AguasdesIllimani 财团由五个股东组成，其中包括财团经营者，即最大的股东（持有 45％的股票）苏伊士里昂水务公司，以及两个玻利维亚地方实体。AguasdesIllimani 财团的职员也持有股票，这有利于提高职工工作的动力。

（2）特许经营的执行情况

经过两年的发展，特许经营方面的工作紧张而有序地进行着，完成了 40000 个给水供应的连接和 25000 个污水排放的连接，这样就使得给水服务覆盖的比例从协议初的 80％提高到95％，而污水收集的比例从 52％提高到 62％。而且，一个氧化塘处理系统投入运行以处理从 ElAlto 排水管网出水口排放的污水（覆盖了总人口的 50％）。

由于经营者的经验以及大公司的组合，形成了一个控制给水质量并处理消费者疑问的高效的质量控制体系。

（3）低收入消费群体的解决方案

为了向城市中用水量最低的消费者提供水服务，AguasdesIllimani 财团采用了一系列的社会认可的技术/经济革新手段以使管网系统能延伸到城市中较贫困地区，而这一部分人口在目前消费者中所占的比例是相当大的。

目前，这种解决方案在大多数领域内被采用，其中包括服务网络内的当地居民以及服务系统的延伸。他们依靠低资本投入的技术，如将主管道直接填埋于人行道下或物业管线内，并通过对当地居民的前期培训，让居民直接对管网进行维护。

很显然，服务的入户费用明显降低，当地居民对这种系统的建设有相当大的兴趣，这是提高系统持久性的一个重要因素。在这种方式下，并通过以下的服务方式，AguasdesIllimani 财团达到了团结地方社会团体，并化解其对将给水和排水服务设施委托给私营公司管理的不满情绪的目的，所采用的服务方式主要有：提供高质量的服务、财政控制能力的提高以及居住在极端贫穷地区的 25 万居民的饮用水配给问题的解决。

由于在这次特许协议风险活动中所获得的成果，玻利维亚政府已经将 AguasdesIllimani 财团作为吸引外商投资运动，尤其是在公共服务设施方面的典型事例。

5.2.8　悉尼自来水净化厂（澳大利亚）

（1）背景

直到 1996 年，悉尼市 350 万居民的供水处理也仅仅加氟和加氯处理，而没有进行净化。由于悉尼市自来水公司实施对资源长期、有效的管理政策，该地区的饮用水水源免受了农业和工业的污染。水的产出量也是很充足的，但是在水源汇集处仍然受到了大暴雨的不利影响。

为了提高悉尼市整个地区的供水质量，1992 年，悉尼水利委员会（后来形成悉尼自来水公司）决定采用国际招标的方式，以 3 个 25 年的 BOO（建设、拥有、经营）经营模式分别进行四个给水净化厂的建设和运行。预计其中处理量最大的第三水厂（Prospect）的最初处理能力 300 万 m^3/日，最大处理量 420 万 m^3/日，可以供应服务范围内 85％居民的供水问题。

（2）合同

经过简单的预审程序，1992 年 7 月，从 17 个投标单位中选出 5 个国际财团，并要求他们呈交正式的标书。1992 年 11 月，悉尼水利委员会选择苏伊士里昂水务公司下属的澳大利亚水服务公司和当地的 LendLease 公司和澳大利亚 P&O 公司组成的财团作为中标方。在经过环境影响研究会议（1992 年 12 月至 1993 年 6 月）裁决后，该合同在 1993 年 9 月 10 日正式签署。

1994 年 1 月将合同中关于项目建设的合同授予 LendLease 公司的子公司 Civil&Civic，整个建设时间仅 30 个月。

根据特许合同规定，水厂的设计部门为苏伊士里昂水务公司，该公司采用了一种经过多次现场试验进行优化和发展的、没有初沉处理的高效过滤技术。该水厂体现出大量新颖的技术革新之处，具体表现在：

一次性完成了世界最大净化厂的建设；

为了应付水的大量涌流，对整个水力学设计以及可用的水力梯度进行了限制；

采用一系列的加药和水力混合系统对处理过程中混凝剂的使用进行优化；

采用世界处理能力最大、流速最快的过滤系统 Degrémont Aquazur V（24 对过滤器，每个的表面积 238m²，过滤速度 25m/h）；

采用该领域最先进的技术，整个过程完全自动化。

采用较大的单层沙滤系统，以较高的过滤速度运行，节约了与过滤相关的投资资金。而且采用塑料管以及加覆盖层的储水设备（取代传统的水泥结构）再次节省了大量的资金投入。

（3）项目的执行

项目的总投资约 2 亿澳大利亚元，比悉尼自来水公司根据传统项目计算的少得多。80％的资金来源于三个银行财团：澳大利亚-新西兰银行、澳大利亚国家银行和巴黎国民银行。悉尼自来水公司将根据合同规定的处理水量，提供水厂的资金以及运行费用。处理后的水成批地输入到悉尼自来水公司管理的输水管网中。每年的相应收入在 4000 万澳大利亚元左右。

该水厂在 1996 年 9 月 15 日投入运行并连接到输水管网中，比合同规定时间早 6 个月，其服务人口 300 万人左右。根据合同规定，水厂交付使用前运行 4 个月，在最后一个月，将同悉尼自来水公司一起对水的可行性指标进行检测。检测结果表明所采用的这种技术措施是有效的，而且所有的可行性指标均达到了要求（即使在原水水质很差的情况下）。

自建成以来，在澳大利亚水服务公司的管理下，Prospect 净水厂所提供水的质量远远超过了合同要求的质量。澳大利亚政府 1998 年 7~9 月委派公共审查委员会办公厅对输水管网中 Giardia 和 Cryptosporidium 两种寄生菌污染事件的调查使这一结果更明显。在这一事件中，澳大利亚水服务公司从股东处获得了大量的资料。针对政府调查署调查所进行的一系列小型实验结果表明，在所采用的处理条件下，Prospect 净水厂采用的净化程序可以有效的去除 99.9%~99.999% 的寄生虫。由于没有有关致病的报道，而且所提供数据的不确定程度也缺乏依据，政府调查署没有要求提高水处理的等级，只是要求反冲洗水的上清液回流到处理工艺的前段前应进行过滤处理，以防止水在循环的过程中污染了未处理的水。

自 1997 年以来，澳大利亚水服务公司经营的给水净化厂的质量保障体系即得到 ISO 9000 的认证。在 1999 年初，该公司经营的 Prospect 净水厂得到澳大利亚国家安全委员会颁布的 5 星级资格证书，这是国家健康和安全领域的最高荣誉。

5.3　国外垃圾处理行业

5.3.1　城镇生活垃圾处理技术经济政策和管理体系

近 15 年来，欧美发达国家在城镇生活垃圾问题上经历了一场革命。这场革命的核心内容就是生活垃圾的综合管理思想的形成和实施，体现在一系列政策体系和管理体系上，最直接的表现就是分类收集的广泛推广和垃圾排放税费机制的建立。

在许多发达国家，城镇生活垃圾和工业垃圾的管理是综合考虑的，纳入同一的一个国家管理机构，制订综合的政策和管理措施。在城镇生活垃圾方面，发达国家有与市场经济相适应的较完善的城镇生活垃圾处理管理体系，在国家技术经济政策体系的监督和指导下，形成了良性循环的发展机制。在绝大多数欧美国家，市场机制直接贯穿垃圾收运、处理的全过程，而政策的有机结合保证了市场机制的正常运行。

在这种体制下，同时由于价格机制的完善，垃圾处理设施的建设投资和运营费用也有了可靠的保证。垃圾处理设施的建设可以通过不同的渠道进行融资，建成后由企业进行运营，政府可以通过税收或垃圾处理收费保证建设投资的回收和企业的运营收入。

同时，政府可以通过政策、价格机制以及资金资助等手段，鼓励先进的、更有利于垃圾减量和资源回收利用的垃圾处理技术的应用和发展，有利于城镇环境资源的可持续发展。

5.3.2 垃圾处理和综合治理技术经济政策

20 世纪 90 年代，许多发达国家治理垃圾的战略目标是：通过选择较高层次的管理目标，达到垃圾处理可持续发展的目的。首先，最优先方案是避免产生垃圾；如果必须产生，产出量要最小。第二个台阶是按实际情况最大可能地进行回用或回收。然后，处理的目标应当是能源回收和减少最终处置量。

近几年来，各种各样的具有很大创造性的政策措施得到发展，可以分类如下：

（1）宣传教育和公众参与。

垃圾减量化需要人们行为的变化，包括集体行为（如公司）和个人行为（如家庭和雇员），系统的宣传和教育计划必须作为垃圾减量化不可缺少的组成部分。

（2）经济法规，旨在通过对于垃圾产生者的价格结构的变化促进行为的变化。

（3）生产者责任，产生垃圾的产品"生产者"（包括制造商、出口商、分销商、零售商）应对他们的产品最终产生的垃圾负责，而不是希望社会为垃圾收集和处理付钱。

（4）经济刺激政策，对垃圾减量和回收提供正面的经济鼓励。

（5）法规限制，通过限制垃圾处理处置方案选择的合法性来实现。

实践中得出了一些经验：

（1）没有一种政策措施能单独达到系统的减量化目标。一个综合的垃圾处理战略需要各种措施的结合。

（2）措施没有正确和错误，只有适应特定国家和地区的政策措施。

（3）需要有一系列的措施，可能包含以上讨论的五类措施各类中的一项或多项。因而，强制措施和经济刺激、法规措施和经济政策都是需要的。

（4）在许多国家，都设有自愿性措施，使企业必须执行，并自己决定采用最经济有效的措施达到认同目标。

（5）政策措施体系很重要的是要注意在回收的同时鼓励防止垃圾产生。

（6）要鼓励使用回收材料以及用回收材料制造的产品，同样也要鼓励进行材料的回收。

5.3.3　法国垃圾处理经济技术政策和管理体系

1990 年，法国环境部制定了法国国家环境计划，其中有固体废弃物综合管理政策 10 年目标：

（1）在源头限制废弃物的增长和毒性；

（2）对废弃物产生和运输进行有效控制；

（3）鼓励废物回收；

（4）促进垃圾处理技术的发展；

（5）提高公众意识。

为此，成立了环境能源署，执行废弃物管理政策，使用新增税种，特别是填埋税来进行经济调节。

同时，制定了长期规划，第一阶段 15 年计划的垃圾管理目标是解决最急迫的收集和处置的问题；而在后 10 年优先实施减量化和回收这两个关键措施。

为此实行了三种不同途径的经济手段：

（1）填埋税：限制填埋垃圾量，加强处理设施建设，实施新的工业垃圾处理设施、回收技术、开发生态产品、开发清洁技术等。

（2）对某些产品征税：是对选定产品回收方案的经济刺激（例如：包装物、轮胎等）。

（3）部门税（95 个部门）：实施部门的垃圾管理方案。

1990 年末国会通过环境计划后，1991 年，环境部采取了一些实施措施：

（1）转变观念：填埋场不能直接处置有害废弃物，只允许填埋经过预先处理的残渣。

（2）在重要工厂设置 5000 个废弃物检查员，促进这些工厂的垃圾减量、处置或回收。

（3）成立了一个全国生态产品标志的标准化组织，帮助消费者选择对于环境影响较小的产品，有利于减少生活垃圾。

（4）包装政策：环境部同企业界协商，企业界要通过他们的产品承担将来产生垃圾的排污收费责任。

工业界也建议建立一个专门基金，接受来自加工业的包装物的附加费用，用于资助包装物的分类收集。分类收集的材料由工业界回收。对于没有出资的企业，要求他们自己收回他们自己的包装物并利用。

（5）加强地方性规划。

如果新建一个处理设施，必须通过许可证申请程序审查，证明其容量大小适当，满足多回收、少填埋的指导思想，技术上符合国家环境政策，必须进行环境影响评价。

（6）新税种。

新增的填埋税就是用于资助新政策的，这笔经费将提供给新成立的环境能源署，负责通过技术和经济刺激来实施环境政策。

第6章 市场经济条件下新型政策构建

6.1 市场化政策

6.1.1 市场化背景

政治背景：我国正处在市场经济的全面推进期，市场化是大势所趋，政府在资产经营领域总体呈退出趋势。市场化之所以成为城镇水业的主导，政治背景首当其冲，是决定性背景。

国际背景：虽然国际上存在着产业化是否适合公共行业的争论，但以效率为目标的市场化已成为国际水业发展的主流趋势；同时，也不能忽略世界上包括美国在内的多数发达国家在水业建设与经营上，仍然由公共机构担当主角的现状。

政策背景：原国家计委、建设部、国家环保总局等部门出台了一系列推进水业产业化、市场化的文件，部分省市也出台了相应文件，但都停留在文件层次，没有形成法律层次的保障，系统性也不强。我国水业市场化在实施层次进入了一个政策模糊期。

发展背景：近年来，我国城镇化水平迅速提高，作为城镇基础设施重要组成的水业设施建设和更新的投资需求巨大。

环保背景：全球性环保要求和卫生标准的不断提升，使水业设施尤其是污水设施缺乏的问题更加凸显，且对设施水平要求在不断提高。

金融背景：近20年来，我国水业投资的主体是城镇政府，而城镇政府在水业建设方面没有足够的资金渠道，缺口巨大；同时大量社会资金却又没有可靠的进入水业的投资通道。

产业背景：传统的水业企业在城镇范围内形成相对垄断经营，在产业结构上却总体呈现规模不足，体制和机制更致使其管理落后，市场化经验缺乏。其他资本类型的企业在行业经验或企业实力上缺乏，不能很好地适应水业合同长期的运营管理要求。

6.1.2 水业及垃圾处理行业市场化的所有权与经营权

（1）所有权和经营权的改革

一切权力属于人民，人民的权力集中于政府。传统的观念认为政府应该代表人民行使各种权力，管理国家大事，自然也包括水业及垃圾处理行业的投资权。因此，在一定的历史条件下，政府成为了单一的投资主体，对水业及垃圾处理行业具有完全的所有权。企业、事业单位虽然具有一定的经营权，但不具有投资能力，不能独立进行投资，即便是扩建和更新改造，甚至维持简单再生产的项目，都必须按照限额，由中央或地方政府审批。对于一般工业企业而言，这好像是在旧体制下较为普遍，但在水业及垃圾处理行业，这种现象依然存在。在一定的历史背景下，政府对水业及垃圾处理领域进行直接管理，是有其存在的合理性。一方面，水业及垃圾处理行业关系人民的生活环境和公共安全，政府对其有不可推脱的职责；另一方面，该类行业的利润水平较低，在一定时期内需要政府的扶持。

经过 20 多年的改革开放，我国经济发展及其体制基础已经发生了根本的转变。最重要的是，国家确立了发展社会主义市场经济的基本方向，在原先的国有企业和集体企业之间、公有制企业与非公有制企业之间，市场竞争已经展开，按照价格机制配置的经济资源、范围和深度都大大增加。我国各类经济主体，凭借各自掌握的资源在市场上追逐收益、福利和利润，正在成为新的经济行为准则。在新的形势下，政府垄断经营的水业及垃圾处理，也不可避免地卷入了市场经济。主要的表现是：

1）政府职能的转变。随着市场化改革步伐的加快，政府职能的调整，政府逐步开始把掌控的权力下放。

2）企业的权利增加，包括经营权和所有权。如原来由政府直接控制的企业和事业单位，开始享有决策自主性；有的政府直接将水厂或垃圾处理场出售，市政公司垄断经营的格局正在变成水务公司、固废公司。

（2）水业及垃圾处理行业经营模式

国外经验表明，该行业按照所有权和经营权的不同，可以将经营模式分为：

1）公有公营。目前国内所有的城镇污水处理设施的所有权和经营权的载体都是公有实体或者政府部门。如果公共组织能够根据市场化原则经营，免受政府预算和编制的限制，并且遵守正常的市场规则和制度，则可能很好地提供服务。同时来自私营部门的竞争也可以促进公共部门改善业绩。随着公私双方的合作与竞争，可以逐步通过租赁或者特许经营实现对城镇污水处理设施的整体的经营。

2）公有私营。通过租赁或者特许，公共部门把城镇污水处理设施的经营权以及新投资的责任委托给私营部门。把城镇污水处理设施的建设与运营、收费同时委托给私营部门。当然前提是租赁或者特许可以进行融资和经营，但不能解散现有机构或者立即拟订一个全新的规章框架。

3）私有私营。随着城镇污水处理收费制度的逐步完善，城镇污水处理费将逐步作为城镇污水处理设施建设与运营的稳定收入，可以吸引私营部门参与，实现私人所有和经营。

结合我国目前的实际情况，市场化管理的具体途径可有联合建设与经营、成立合资公司、建设—营运—转让等几类。

（3）联合建设与经营

该方案吸收专业污水处理公司的经验和能力，要求承包方负责污水处理设施5年或5年以上的经营，根据合作合同策划污水处理设施建设投标与持续 5 年经营管理合同。一般来说，与经营相比，承包商对建设更有兴趣，它可以与其他公司成立联合体，这些公司将共同负责城镇污水处理设施的经营管理，对当地工程师和工人进行培训。该方案的主要优势是：

1）符合《中华人民共和国招标投标法》。即：确保通过公开投标的标准体系赢得政府关心的主要项目（特别是基础设施和政府出资的项目）的所有合同，将会受到我国有关部门的鼓励和推崇。该方案将从合格的投标人中选择最能胜任的公司进行污水处理设施建设与经营。

2）该方案使公司具备了承担项目的建设和经营的能力，即具备了城镇污水设施管理（包括经营管理）方面的专业知识以及管理经验，同时也具备了建设经验。

（4）由市政排水公司和私营专业公司成立合资公司

近些年，城镇污水处理事业的私有化逐渐被认为是一种有益的选择，因为大家逐渐认识到政治的干预和领导的决策并非总是有效的。但我国的城镇污水处理事业作为人民生活的基本需要，许多专家和学者认为，私营公司无法正常提供污水处理服务。再加上私有化的前提是该地区需要有足够的支付能力，而很多城镇的居民不具备这样的能力。因此妥协的方案是，公共部门不是亲自从事活动，而是把特许的城镇污水处理建设与服务承包给外部的专业公司，由它们负责成本、服务的质量和数量。该种方案的优势：

1）利用了大城镇既有城镇污水处理设施，以及排水公司在城镇污水处理方面的经验，可以与私营专业公司成立合资公司，参与本地区或者其他地区的污水处理设施的建设与运营的投标。

2）结合了公有制和私营的市场化原则，是公有事业和私营企业的交叉，市政排水公司可以保持设施的所有权，并由专业的公司引入先进技术、经验、能力。

（5）建设—运营—转让（BOT）

BOT 方式通过许多项目的验证，已经达到了越来越高的可靠性，我国的城镇污水处理领域，这一概念使私营企业能够进入领域内设施的建设与运营，从而取代了原来单依赖于财政的模式。国内外的私营投资者以 BOT 方式建设污水处理设施，并按预先的协商进行一定年限的经营管理（一般 25 年），然后按协商的条件将其移交给当地政府。

6.1.3　开放市场的总框架

在加入 WTO 的谈判和协议中，关于开放我国基础设施部门市场竞争的问题，事实上已经破题。为此，总的说来不必另起炉灶，单独确定"反垄断"的经济纲领。但是，有必要预防，对外市场开放引起的既得利益的重大调整，有可能激发狭隘的民族主义情绪，酿成某种复杂局面。为此，近期要适当强调"对内开放"。所谓对内开放，就是那些长期由政府以国有经济形式垄断的产业部门和市场，对国内非国有经济成分开放。对内开放的程度，拟等于、或者高于我国在 WTO 协议中承诺的对外开放的程度。

在实施对内扩大市场开放的过程中，我们应该大力借鉴、照搬我国加入 WTO 过程的经验。主要是：

（1）提出一个清楚的基本准则，这就是根据我国 20 年改革开放的经验和国际经验，放弃一切产业部门的政府垄断，向组成社会主义市场经济的一切所有制成分，开放市场；

（2）按照各个大行业的具体情况，确立开放市场的范围、步骤和关键细节；

（3）对现存相关法律法规，做全面的清理和调整，特别是系统修订由行业部门起草、旨在保护行业部门权力和利益的旧法，重定《电信市场法》、《电力市场法》、《铁路市场法》和《民航市场法》；

市场化不意味着政府将从水业投资主体中退出

水业市场化要求按照市场化规律去核定水业的成本与收益,通过规则,改变原来政企不分的经营管理关系,明确政府、企业和消费者三方的责任、权利和义务关系。

基于水业的固有特点,有相当一部分投资,如水源保护、管网建设与维护等投资很难纳入计量范围,属非经营性资产,需要政府以财政形式支付,体现社会效益;另一方面,出于节水和技术引导等战略需要,即便是可以清晰核定成本与收益的领域,政府也需要提供部分引导性资金。以上两部分的政府投资不应纳入投资回报的基数之中。另一方面,有些项目的实施,如管网系统,关联面很宽,是资源统筹配置特征的项目,必须由政府来投资和实施,以发挥政府的协调特长,提高效率。

城镇水业具有重要的内部收益和显著的外部收益,某种意义上,其外部收益大于所创造的内部收益。内部收益指城镇水业投资经营者的直接的经济效益;外部收益表现在环境效益上,城镇水业作为城镇基础设施的重要组成,它的健全和完善将使城镇发展条件和投资环境得到改善,城镇政府可以在土地增值等方面得到其外部收益。

市场化要求投资多元化,但水业的收益结构特征决定了政府不可能从水业市场化的投资主体中退出,政府是水业公益性、引导性、补贴性投资的主体,不能将其责任转嫁给公众。

让我们借鉴一下国际水业发展的经验。西方国家城镇水业基础设施的投资建设有100多年的历史,主要资金由城镇政府通过市政债券等方式筹集。根据世界银行的统计,仅美国和加拿大,地方市政债券至今已总共筹集了超过74000亿美元的资金。西方国家供水设施和给排水管网的集中投资建设期在20

世纪前叶，二级污水处理的集中投资建设期在 20 世纪 60、70 年代，到 20 世纪 80 年代后期，其城镇水业设施已基本建设完成。这时开始走向市场化，其核心是利用水价体系来支持水业设施的运行和部分更新，市场化主要的目标是提高运行效率。国际实践证明，如果从建设管网、建设水厂到运行维护整个水系统，实行全面的投资收益核定，全部通过水价体系来支撑，会带来过大的社会压力，可能引发政治危机。

我国现在正处于经济发展和城镇建设的高峰期，需要大量的基础设施投入。目前的污水处理率统计上有 37%，严格地说，有效处理只有 20%，这还仅仅是城镇，没有包括乡村，配套管网的差距则更大；自来水也远未普及到乡村，同时大量的城镇供水管网老化，水质和安全性需要提高。所以，真正要支撑城镇水业的良性发展，政府将是投资体系中的重要角色。

(4) 提出一揽子的关于开放市场、修法立法的时间表。

水业市场化不等同于民营化和国际化

市场化将是投资多元化，是国营的、民营的、国际的以及其他社会资金的平等竞争。鉴于过去我国水业国有投资占有绝对主导的不均衡现状，国家允许甚至鼓励民营和国际资金进入水业。但是水业市场化不等同于民营化或国际化。中共中央十六届三中全会的公报中进一步明确"允许非公有资本进入法律法规未禁入的基础设施、公有事业及其他行业和领域"，实质上是给予各种资本在"法律法规未禁入领域"的平等待遇。目前，不少城镇政府在水业项目招标的时候，明确要求必须是国际资本或民营资本，不要国有企业。这是对市场化本意的曲解。

另一方面，没有任何一个具体的 WTO 条款要求我国开放水业，相反，现在我们对城镇水业的开放程度超过美国、德国等大多数发达国家。我国水业市场在加入 WTO 以后，没有像其他行业有一个过渡期，而是一步开放到位了。水业允许和鼓励国际资本的进入很重要，但国际化从根本上讲是平等竞争。给国际水业公司一些特殊的优惠条件，相反地就给国内国企、民营企业造成了一种不公平竞争的市场环境。

根据我国的国情，这样一件事情，必须有坚强的政治领导。如同改革开放、进入 WTO 等重大决策一样，扩大对内开放市场是关于我国和世界大势的战略判断。必须由战略判断来指导战术细节的选择，而不能颠倒过来，由操作细节来决定选择大政方针。特别要防止各种局部的既得利益的考虑与纷繁的"专家意见分歧"绞在一起，导致方方面面，莫衷一是，失去对大机会和大趋势的把握，延误时机。

6.1.4　政府退出市场的顺序

在各大产业部门，政府退出的具体步骤各不相同，但是根据已有的国际国内经验，可以确定如下一般顺序：

（1）充当开放市场的第一推动，实行政企分开，组建数家竞争性公司；

（2）从行政定价转向市场定价；

（3）进一步开放市场准入，特别消除市场准入方面的所有制歧视；

（4）政府转向无所有权歧视的经营公司的资质管理、牌照管理和行为监督；

（5）培育多种非政府管制的控制机制，包括竞争者的互相监督、行业自律、消费者及其组织的监督、舆论监督等等，逐步减轻政府管理市场的行政负荷；

（6）加强法治意识和实践，使我国历史上的"民举官纠"传统，在现代民法商法的轨道上得到发扬光大。

6.1.5 多种市场准入的形式

民航可以组建数家彼此竞争的营运公司，电信可以形成并行的基本网络，但是机场、铁路和编组站，以及电力的传输网，怎样"数家竞争"，还是一个没有完全解决的问题。从目前的经验看，我国可以更多地考虑多种市场准入的方式。主要是：

（1）替代竞争。比如所有运输工具都在一定条件下可以互相替代，因此，看起来只有"一个"的铁路网，事实上与公路/航空/水运等等，也是有竞争对手的。消除对"替代服务"的限制，将各类交通手段之间方便地连接起来，可以消除和减轻"独家"的垄断行为。

（2）投标性竞争。对于替代效果相对很弱的产业，例如电力传输网，可以考虑"多家投标进入"的竞争。就是说，电力网是只有一个，但是谁获取经营权是可以数家竞争的。独家的"在位营运商"因为迫于潜在竞标者的压力，行为与永久性的独家垄断商的行为是不同的。当然，投票程序、中标原则和标期的设计，要经过很好的论证。

（3）在法律上开放准入。这种模式的含义是，法律并不禁止多家进入，只是因为新进入者要支付庞大的沉没成本，所以如果预期的收益抵不过成本，市场上就没有第二家竞争公司。这种模式与在法律上只准一家垄断的模式，差别在于对在位商构成潜在竞争压力，一旦在位垄断商价高质次达到一定限度，潜在进入的预期收益将上升，竞争就从潜在的状态转变为现实的。

6.1.6 市场化的主要措施

（1）政府管制机构的管理范围逐步扩大，管制的重点逐步缩小

为了充分发挥替代竞争的作用，政府管制部门的设置，要逐步超越按照计划管理产业生产时代的界限，例如，对航空、铁路、高速公路、水运等各式交通的分别管制，要逐步被对整个交

通部门的综合管制代替。后者不但要处理每个交通市场开放的个性问题，还要关照各个交通市场之间，妨碍替代性竞争的那些行为的监管。又如，在电信与电视传播之间，各种能源市场之间，都有替代性竞争的可能性存在，要跨越目前政府部门的设置，加以综合管理和利用。但是，政府对大交通市场、大通信市场以及大能源市场的管理，重点却越来越集中，就是从直接的市场准入审批和价格管制，退向管理竞争者资质、依法监督行为。

（2）逐步扩大法院对市场管制的介入

为了更有效地妥善处理基础产业市场里的各种利益矛盾，要把目前"政府管制部门对应被管制市场和企业"这样单一的"上下垂直关系"，逐步改成更多样化的产业利益纠纷的解决机制，形成包括行政管制、法院裁决、市场自组织的仲裁，以及庭外和解等多种方式在内的复合体系，提高信息交流和处理的质量，防止矛盾的积累和问题的拖延，加强权力的制衡，增加利益协调的程序性权威。为此，建议考虑在相关法规修订、重立的过程中，增加设置专业的市场法庭，比如通信市场法庭、能源市场法庭、交通市场法庭，专门受理这些市场管制中发生的政府管制部门与公司和消费者在管制过程中可能发生的矛盾，既限制行政管制的权力、防止管制权力的滥用，也减轻行政管制的负荷和压力，为管制消亡准备条件。

（3）为市场重组留有空间

基础设施行业的竞争局面一旦形成，要因势利导，让市场机制发挥更大的作用。有必要明确，政府为了形成竞争性的市场，可以通过组建若干经营性公司的办法，作为上文所讲的"第一推动"。但是，多家竞争的公司一旦组建，特别是相继进入资本市场之后，进一步的重组（包括分拆与合并），可能成为一项常规事件，要随市场形势的变化而变化。完全要政府来定夺公司的进一步重组，可能让政府的决策负担过于沉重，又容易导致过大的风险。因此，在这件事情上，政府应该"善始"，却不一定"善终"。要更多地按照公司法和其他市场法规，将基础产业市场的重组交给市场去解决。以民航、电信为例，因为开放市场竞争的尝试较早，现存的市场结构、公司定位包括业务划分，都要不断随市场情况的变化而变化，不可能完全指望靠政府的行政命令来完成全部重组。

（4）调整国有资产存量来补偿"触礁损失"

制定一个对内对外开放市场的时间表，有助于建立投资人、营运公司和消费者对未来变化的合理预期，有助于持续融资。但是，未来经济局面的变动包含许多变数，其中一部分不完全取决于政府的控制。一旦情况变化，对各方预期的利益可能发生重大影响。为此，按照国际经验，要准备必要的财务补偿机制。由于开放市场是全社会收益的事项，由此发生的费用一般要由政府的财政来担负。但是，在政府财力不宽裕的时候，或者需要补偿的数额超过政府财力，就会发生"承诺无法兑现"的问题。

考虑到我国的特殊情况，即命脉部门的大公司全部为政府所有或持有控股权，因此，我国有条件考虑通过国有资产存量的调节，保证各项承诺的兑现，向有关方面提供减少"触礁成本"的补偿。以我国移动电信为例，手机双改单政策引发境外投资人抛售，可以在政策出台时，配合宣布公司将消除一部分国有股权、以增大非国有投资人持股比例，作为新政策可能带给老投资人触礁风险的补偿。很清楚，存量补偿与财政现金补偿的性质是一样的。但是，对新老投资人而言，国有股资产主动消股可能是更大的利好消息，因为这表明政府股本退出的另外一种形式。

6.2 价格收费政策

6.2.1 城镇公用事业价格现状及问题

改革开放以来，我国的城镇公用事业取得了长足发展。目前城镇公用事业价格管理体制的基本格局是：供水价格和公共交通价格实行提价申报制度，全国 36 个大中城市的有关价格由国家计委管理，其他城市的价格由各省、自治区、直辖市物价部门管理。

经过多年的改革和调整，我国的城镇公用事业及价格都发生了巨大变化，但是必须看到，我国城镇公用事业在发展中也存在并积累了多方面的矛盾和问题，无论是对其自身发展，还是对完善城镇功能，改善投资环境，都有相当大的不良影响。

（1）受城镇公用事业指令性价格形成机制及宏观经济调控和城镇居民收入低的约束，加之原材料、燃料、劳务成本上升过快和内部经营管理不善的影响。目前很多的城镇公用事业价格还面临高亏损的窘境。

（2）适合社会主义市场经济的城镇公用事业法律体系尚未建立，城镇公用事业在政府管理和市场运行两个方面都存在不规范的问题。

在政府管理方面，政府对市场准入、投资、资源利用及相关部门配合，没有严格的管理和监督措施，对价格管理存在政府与企业信息不对称，价格审定透明度不高的问题；

在市场运行方面，已经初步形成竞争的供水领域，但是企业运作成本明显偏高的问题普遍存在。

（3）不适当的政策组合，对城镇公用事业企业的经营管理产生很大的负面影响。

由于政府提出建设高效、清洁、卫生、畅通的良好城镇环境要求，同时实行低价格政策和缺乏竞争的经营机制，形成了企业成本的软约束和经营高亏损，这是一种排斥竞争的政策取向；但同时政府又减少投入，投资由拨改贷，补贴不到位，对企业提出了必须考虑自身经济目标的要求。在这种情况下，企业一方面难以真正肩负起创造高社会效益的担子，另一方面，也难以真正提高其自身的经济效益。

6.2.2　我国城镇公用事业价格的改革思路

（1）《价格法》

《价格法》对水业及垃圾处理等公用事业的服务收费作出了以下规定：

1）根据法规第 18 条规定，政府在必要时可以实行政府指导价或者政府定价。

2）根据法规第 8 条规定，定价的基本依据是生产经营成本和市场供求状况。

3）根据法规第 21 条规定，应当依据有关商品或者服务的社会平均成本和市场供求状况、国民经济与社会发展要求以及社会承受能力，实行合理的购销差价、批零差价、地区差价和季节差价。

4）根据法规第 23 条规定，应当建立听证会制度，由政府价格主管部门主持，征求消费者、经营者和有关方面的意见，论证其必要性、可行性。

（2）弱势群体的保护

1）国务院对城镇特困家庭的规定

城镇特困家庭是指家庭收入低于当地城镇居民最低生活保障标准的家庭。为了规范城镇居民最低生活保障制度，保障城镇居民基本生活，国务院发布了《城市居民最低生活保障条例》，自 1999 年 10 月 1 日起施行。

条例规定，持有非农业户口的城镇居民，凡共同生活的家庭成员人均收入低于当地城镇居民最低生活保障标准的，均有从当地人民政府获得基本生活物质帮助的权力。其中所称收入，是指共同生活的家庭成员的全部货币收入和实物收入，包括法定赡养人、扶养人或者抚养人应当给付的赡养费、扶养费或者抚养费，不包括优抚对象按照国家规定享受的抚恤金、补助金。

城镇居民最低生活保障制度遵循保障城镇居民基本生活的原

则，坚持国家保障与社会帮扶相结合、鼓励劳动自救的方针。

城镇居民最低生活保障标准，按照当地维持城镇居民基本生活所必需的衣、食、住费用，并适当考虑水、电、燃煤（燃气）费用以及未成年人的义务教育费用确定。

对符合享受城镇居民最低生活保障待遇条件的家庭，应当区分下列不同情况批准其享受城镇居民最低生活保障待遇：

对无生活来源、无劳动能力又无法定赡养人、扶养人或者抚养人的城镇居民，批准其按照当地城镇居民最低生活保障标准全额享受；

对尚有一定收入的城镇居民，批准其按照家庭人均收入低于当地城镇居民最低生活保障标准的差额享受。

2）地方政府也对城镇弱势群体作了相应的规定

以江苏省为例，《江苏省城市居民最低生活保障办法》中规定，家庭收入是指共同生活的家庭成员的下列收入：

各类工资、奖金、津贴、补贴和其他劳动收入；

继承、接受赠予以及利息、红利、租金、有价证券、彩票中奖；

退休金、养老保险金、失业保险金、下岗职工基本生活费；

法定赡养人、扶养人或者抚养人应当给付的赡养费、扶养费、抚养费；

其他应当计入的家庭收入。

不稳定收入按申请前十二个月的平均数计算。

最低生活保障标准按照既保障贫困居民的基本生活，又有利于鼓励就业的原则，参照下列因素确定：

当地人均实际生活水平；

维持当地最低生活水平所必需的费用；

城镇居民消费价格指数；

经济发展水平和财政承受能力；

其他社会保障标准。

各有关部门和单位应当认真落实最低生活保障对象在子女教育、医疗、住房、税收、水、电、气等方面的社会救助政策，逐步改善保障对象生活状况。

3）对城镇弱势群体水价一次性补贴

以常州市为例。根据各级政府关于城市居民最低生活保障的规定，常州市对特困家庭自来水费和污水处理费的补助实行先收后退、一次性补贴的方式。补贴额按特困家庭的正常用水量乘以水价上调额计算。例如，从 2002 年 3 月 1 日，常州城市污水处理收费标准由 0.55 元/m³ 上调到 1.15 元/m³，特困家庭正常用水量每户每月为 15m³，水价上调一次补贴额＝(1.15－0.55)×15×12。特困家庭名单由市民政、总工会提供，补贴款由水费收取单位交常州市民政、总工会，由他们在春节前发给特困家庭。其中，民政局负责最低生活保障线以下的家庭、总工会负责特困职工家庭的补贴发放。市民政局和总工会负责每年对可享受补助的特困家庭资格进行审核。

（3）改革的基本原则

《国民经济和社会发展"九五"计划和 2010 年远景目标纲要》（以下简称《纲要》）提出："通过深化改革，在更多的领域中运用市场机制的作用，凡是应当由市场调节的经济活动，要进一步放开放活，竞争性产业主要由市场配置资源，基础产业也要引入竞争机制，使经济更富有活力和效率。"按照《纲要》的要求，根据城镇公用事业的一般性质和特性，针对其存在的主要问题，改革的基本原则是：

1）注重制度创新，要有利于实现两个根本转变。在充分论证和实践的基础上，以法律的形式确定城镇公用事业不同行业、不同经营层次的价格形成机制；在条件允许的行业和层次，尽可能地引入竞争机制，促进企业自觉地改进管理，提高效率；政府要对市场运行秩序依法进行管理。

2）改革要分散决策，有利于因地制宜、因事制宜地解决问题。我国地域广阔，城镇间的资源分布、经济发展水平、居民收入水平和支付能力，都存在不同程度的差距。同时，城镇公用事业不同行业的运行也存在差异。这就要求在改革中对不同地区的同一行业不宜搞统一政策，对同一地区的不同行业改革也不能搞一刀切。城镇公用事业价格改革要以各城镇政府为主，根据地区经济和行业的具体情况，提出切实可行的改革方案和措施。

3）改革要循序渐进，有利于经济和社会的稳定发展。城镇公用事业对城镇的社会经济生活有着重要的基础性作用，其价格水平对城镇消费物价指数和人民生活水平有着直接的影响，因此城镇公用事业改革要因势利导、分步进行，尽量避免因改革动作或跨度过大对社会生活和经济运行的负面影响。这也是过去近20年价格改革的重要经验。

4）改革要着眼长远，有利于城镇公用事业和城镇经济的持续发展。持续发展有两层含义，其一是指有关的法律、政策环境，能够保证城镇公用事业的供给适应城镇社会经济规模扩大的要求；其二是指要使城镇公用事业在其自身的发展中实现对资源最大限度的节约，对环境最大限度的保护和改善，从而为实现社会和经济可持续发展创造必须的条件。

5）改革要统筹兼顾，有利于提高各项法规、政策和措施的可操作性。城镇公用事业价格改革虽然在理顺价格方面已经起步，但由于多年积累的矛盾较多，今后的改革还会受到各方面的掣肘。因此，改革的政策和措施，要兼顾企业和用户（居民）、企业和财政、生产企业与网络经营企业多方面的利益。当改革处于理顺价格阶段，重点要处理好企业与财政、企业与用户的关系，当企业的组织形式完成转换，生产环节的企业引入竞争机制，则要注意协调生产企业与网络经营企业的关系。统筹考虑、兼顾各方面的利益，其目的在于使各有关方面共同承担改革带来的风险和涨价压力，保证改革措施能够落到实处。

（4）改革的基本思路

根据上述改革的基本原则和《价格法》的相关规定，城镇公用事业价格改革的基本思路是：以建立城镇公用事业法律体系为保证，根据各城镇资源分布和经济发展水平的差别及行业特点，在实现供求基本平衡、完善生产企业通过网络供给用户数量的计量技术、实现以生产企业与网络经营企业为中心内容的企业组织形式的转换的基础上，因地制宜和因事制宜地在生产领域引入竞争机制，培育适合我国国情的价格形成机制，并构建科学、合理的城镇公用事业价格体系；对具有垄断性质的供给网络收费标准，仍由政府进行监管。

以城镇公用事业价格形成机制转换为界限，可以把改革划分为两个阶段。第一阶段是改革的准备时期：要适当调整价格水平，使价格基本反映成本，以减少城镇公用事业价格形成机制转换可能对城镇社会经济生活的冲击，同时，积极探索生产企业与网络分离的途径，研究切实可行的用户根据报价选择供给商的技术手段。第二阶段是改革的实施时期：在条件具备的地区和行业，实施城镇公用事业价格形成机制的转换，建立有利于竞争的市场环境，促进企业经营管理和服务水平的不断提高。

实现分阶段改革目标的主要保证措施是：

一是建立有关法律体系，逐步实现城镇公用事业及其价格管理的法制化；

二是以法律为手段，逐步实现城镇公用事业市场运行的规范化；

三是以法律为依据，逐步实现政府对城镇公用事业网络经营收费标准审定的程序化和公开化。

（5）改革过程中的几个关键问题

在城镇公用事业价格改革中，要吸取过去改革的经验，借鉴国外市场经济国家的成功做法，解决好两个问题：

1）国家干预和管理的价格或收费实行"动态化"管理

"动态化"管理包含三层涵义：

其一是指对价格的审定要按年度进行，根据价格指数、成本等因素的影响，及时调整价格，以保证企业正常运行的条件，并避免因矛盾积累，再调整时对经济和社会的震动；

其二是指必要时审定的价格应有一定的浮动范围，使企业在遇到一些特殊情况时，可以通过对价格的微调来化解矛盾，同时给予经营管理好的企业进行价格竞争的机会，促进整体管理水平的提高；

其三是指对一些行业价格采取两部制梯次价格，即按基本用量及超基本用量实行不同价格，如自来水在基本用量内实行基本价格，超过基本用量部分采取累进制价格。

2）选择引入竞争机制的适当环节

根据国内外现有的做法，可供引入竞争机制的环节主要有两个：一个是在进入市场环节，政府可以对项目的经营进行招标，选择实力雄厚、技术先进、有管理经验、成本低的投标企业实施该项目的生产经营活动，政府与投标企业以具有法律效力的合同确定双方的责任、权利和义务；另一个是在生产商品的环节引入竞争机制。在生产环节引入竞争机制的必要条件是供求平衡或供大于求。

引入这种竞争可以分两步走：

第一步引入双轨价格，即对生产企业根据近年实际产量核定计划内生产基数，实行计划价格，政府对企业给予定额补贴；企业生产基数以外的生产供应量实行成本加合理利润定价。由于城镇燃气和供水依靠网络供给的特点，可以有效地避免双轨价格可能带来的基数难以完成的现象，同时可以硬化成本约束，锁定补贴数量，促进企业走向提高效益发展生产的路子。

第二步是在供求趋于平衡，政府不断调整计划内价格的基础上，逐步实现双轨制的并轨。如果用户对生产企业提供商品即时选择及计量技术解决，就可以使企业脱离指令性计划体制，在其生产的全过程全面引入竞争机制。但是，这种用户直接选择提供城镇公用事业商品或服务的方法，一般适用于大宗用户，而居民用户采用这种方法在实际操作中难度极大，更具可操作性的是由网络作为厂家竞争的"裁判"，选择报价低的企业商品购入，再以包含管输费用的统一价格供应给消费者，在这里消费者失去了选择权。

6.2.3 建立和健全价格形成机制

价格形成机制，一般理解为价格形成各要素的性质、结构及相互关系。因此，价格形成机制的改革应包括两个方面的内容：一是定价主体的转换，如由政府定价转为市场定价或市场定价转为政府定价；二是再造价格管制机能，如管制机构的调整，管制规则、管制保障体系的确定和改革等。以下的分析将表明，上述两个方面的改革，对于解决我国垄断性产业价格问题都是十分必要的。

我国公用事业效率低下的情况已如前述。毫无疑问，决定效率高低的直接因素是企业内部的管理状况，而政企不分，责任不明为国有企业的通病，从而企业制度改革滞后当然要对效率低下负有责任。目前我国工业的主体仍是国有企业，但由于实行了市场化改革，近十年来效率提高速度要数倍于公用事业，特别是竞争最激烈的家电工业，其效率提高速度之快为世所公认。所以，公用事业效率低下的根本原因，是缺少外部约束，其中最主要的是缺少竞争。不管国家管制和社会监督等制度如何完善，终究难以根本解决管制者与被管制者间的信息不对称问题，从而垄断的效率损失无法根本杜绝。因此，要根本解决我国垄断性产业效率低下问题，必须引入竞争机制。

公用事业内可通过如下方式引入竞争：

（1）现货批发市场式。这种方式，是指若干个依靠网络销售商品的制造商通过竞争将商品批量卖给网络经营者，再由网络经营者批发给零售商。

（2）直供式。供需双方直接交易而无需中间媒介，是直供式交易的基本内容。通过网络输送或在网络上消费的商品与服务，虽然必须纳入网络的统一调度之中，但供需间的交易，并非完全都需要网络经营者作为中介。

（3）直供、批发混合式。意思是供需双方先按一个约定的价格签订长期交易合同，而实际结算按批发市场的现货价格加以修正。有些购买者不具备直供条件，而完全依赖现货批发市场又存在供应和价格风险，对其供给可采取直供与批发混合的方式引入竞争。

（4）运营权招标式。亦即市场份额竞争性配置。无论哪个产业，倘若因技术条件或管理能力限制，不能或暂时不拟在企业运营阶段实施竞争体制，则可在运营开始前引入竞争机制。基本方式是：政府先对生产规模、产品（服务）质量等提出最低标准，对价格提出最高界限，各拟进入市场的企业在上述范围内竞标。运营阶段的管制按企业中标后与政府签订的协议进行。

我国走的是渐进式改革道路，过程长，体制摩擦多，改革的实际运作总是由于种种原因而难以真正配套，各方面体制改革的进展几乎都是在摩擦、碰撞中，互相牵动、互相适应地实现平衡的。因此，尽管长期看，垄断性产业引入竞争机制将在提高企业效率、引导经济结构优化、促进社会公正方面产生巨大的作用，但短期收益预期不宜过高。指望"试车一次成功"，或因引入竞争后产生新的问题就全盘否定市场化改革，都是不符合我国经济改革的客观规律的。

目前，我国的价格管制所以不具有相应的机能，原因大致有以下几个方面：

价格管制的原则不明确；

没有规范化的定价标准和方法；

价格管制机构职能单一，且遭割裂；

对价格管制机构的监督体系尚未建立。

可见，经过 18 年的价格改革，尽管在绝大多数竞争性产业中，价格形成机制的转换已基本完成，但我国对垄断性产业的价格管制，并未脱离计划经济的束缚，而且，还由于过渡时期管制环境的巨变而使管制体系处于混沌状态。为此，必须按照市场经济的要求，重建我国价格管制的机能，其要点如下：

（1）确立明晰、可行的管制目标或管制原则

参考发达国家的经验，结合我国的实际，"合理经营、公平负担、调节需求、兼顾社会福利"，应成为我国垄断性产业价格管制的基本原则。

（2）制定规范、合理的定价标准和方法

定价方法是价格管制目标或原则的具体贯彻，主要包括价格的构成及各项目的定性和定量标准。在发达国家，定价方法均已公式化。鉴于目前我国价格管制机关尚无自己的定价公式，因而参考发达国家的定价公式也是很必要的。发达国家的管制价格一般由两大部分构成，即：准许成本＋准许利润。准许成本和准许利润的各项构成又有进一步的甚至是很复杂的计算公式。

（3）建立职能完备的价格管制机构

基本的要求是实现价格审批与成本监控一体化。目前我国价格管制机关无成本监控职能，因而价格构成的主体——成本管制，实际上已与价格管制脱节。为此，有必要参照国际上的通行做法，以价格管制为中心，将价格管制机构与市场准入、运行规程等管制机构合并，建立综合性的经济管制机构。

（4）培育有实效的社会监督体系

我国的民主与法制建设要循序渐进，可能还有很长的路要走，在现有的条件下，对管制者的监督体系可从以下几个方面着手：

管制规则法制化；

建立专业性的消费者协会；

普及提价公证会制度；

信息公开化。

6.3　特许经营

6.3.1　特许经营的运作程序

（1）新建项目特许经营的运作程序

新建项目特许经营的运作程序主要包括：

1）确定项目方案。这一阶段的主要目标是研究并提出项目建设的必要性、确定项目需要达到的目标，勾画出项目在规模、技术、经济等方面的轮廓。

项目是否具备合理的投资收益，或者说政府准备允许投资人何种水平的投资回报，是在这一阶段必须确定的原则性问题之一。只有允许投资人获得合理的回报，特许经营项目才能取得成功。

2）项目立项。立项，是指计划管理部门对《项目建议书》或《预可行性研究报告》以文件形式进行同意建设的批复。已经立项的项目可以降低招标后的项目审批风险，提高投标人参与项目的积极性。因此，项目立项通过的审批文件一般被作为招标的依据。

3）招标准备。主要内容有：成立招标委员会和招标办公室；聘请中介机构，提高项目成功率，最大限度地保护政府利益；设计项目结构，落实项目条件；准备资格预审文件，制定资格预审标准；准备招标文件、制定评标标准。

特许权协议中，应规定项目涉及的主要事项，明确政府提供的各种支持条件或者承诺。评标标准应该体现政府在选择投资人的要求和标准，尤其要明确主要目标。

4）资格预审阶段

参加资格预审的公司应提交资格预审申请文件，包括技术力量、工程经验、财务状况、履约记录等方面的资料。招标委员会应该组织资格预审专家组，对所提交的文件进行比较分析，拟订参加最终投标的备选名单，并在项目条件基本落实和招标文件基本准备就绪之后，发出资格预审结果通知，同时向通过资格预审的投标人发出投标邀请书。

5）投标者准备投标文件阶段

通过资格预审的投标者，如果决定继续投标，应按照招标文件的要求，提出详细的投标书。在投标者的投标书中，一般应详细地说明所有关键方面。如：

设施的类型及所提供的产品或服务的性能或水平；

建设进度安排及目标竣工日期；

产品的价格或服务费用；

价格调整公式或调整原则；

履约标准（产品的数量和质量、资产寿命等）；

投资回报预测和所建议的融资结构与来源；

外汇安排（如果利用外资）；

不可抗力事件的规定；

维修计划；

风险分析与分配。

6）评标阶段

由招标委员会负责组建评标委员会，按照招标文件中规定的评标标准对投标人提交的标书进行评审。

评标时考虑的因素，包括价格、融资、法律和技术等。一般情况下，价格是主要标的，对融资、法律和技术都是最低要求。招标文件中规定的主要标的应该是评标时重点考虑的核心因素，如果采用评分法评标，则该因素的评分应该占有绝对权重。

7）谈判阶段

特许经营项目的合同谈判时间一般较长，而且比较复杂，因为项目牵涉到一系列合同以及相关条件，谈判的结果要使中标人能为项目筹集资金，并保证政府把项目交给最合适的投标人。

合同谈判进展情况取决于中标人与政府商定的合同条款。因此，从中标人的角度来看，政府应提供项目所需的一揽子的基本保障体系，政府则希望尽可能地减少这种保障。

8）融资和审批阶段

谈判结束且草签特许权协议以后，中标人应报批《可行性研究报告》，并组建项目公司。项目公司将正式与贷款人、建筑承包商、运营维护承包商和保险公司等签订相关合同。最后，与政府正式签署特许权协议。

9）实施阶段

项目公司在签订所有合同之后，开始进入项目的实施阶段，即按照合同规定，聘请设计单位开始工程设计，聘请总承包商开始工程施工，工程竣工后开始正式商业运营，在特许期届满时将项目设施移交给政府或其指定机构。

在实施阶段的任何时间，政府都不能放弃监督和检查的权利。因为项目最终要由政府或其指定机构接管并在相当长的时间内继续运营，所以必须确保项目从设计、建设到运营和维护都完全按照政府和中标人在合同中规定的要求进行。

（2）已建项目特许经营的运作程序

已建特许经营项目的运作程序主要包括：

1）制定转让方案并报批阶段

将已建国有公用项目进行转让，并实行特许经营时，转让方必须首先根据国家有关规定，编制项目建议书，在征求行业主管部门（或原投资部门）的意见后，按照现行的有关规定，上报有权审批部门批准。初步选定受让方后，还要编制可行性研究报告（或资产权益转让方案）并上报审批部门批准。

2）确定受让方的选择方式阶段

在准备项目建议书的同时，就应该考虑采用何种方式来选择受让方：是采用面对面协商谈判的私募方式，还是邀请招标方式，还是完全竞争性的公开招标方式。选择方式应该根据转让方的情况和项目特点综合确定。根据我国已经完成的已建项目的经验，完全竞争性的公开招标方式具有操作程序规范、项目条件成熟、转让价格合理、成功率高等优点，应该成为转让方选择已建项目受让方的首选方式。

3）招标准备阶段

采用招标方式选择已建项目的受让方，其程序与新建项目大体相同，但在开展招标准备工作的过程中，要注意已建项目与新建项目相比具有如下特点：

☐ 转让方必须首先取得合法的转让权；

☐ 原有企业或者企业直属厂的改制是前期工作中的重点；

☐ 需要进行国有资产评估；

☐ 潜在投标人要求进行尽职调查；

☐ 转让必须符合转让方的战略目标；

☐ 招标主要标的可以是资产价格，也可以是产品价格；

☐ 资产回购问题。如果国有资产转让仅是经营权、使用权和收益权的转让，而不包括所有权，则不涉及资产回购问题。在转让期满后，资产应该无债务、不设定担保、设施状况完好地移交给政府机构。如果国有资产转让是包括产权在内的完全转让，则国有资产的所有权益实质上已经完全属于受让方。在经营期满后，资产是由中标方按照事先约定的价格回购，还是由项目公司自行清算处理，应该在转让前研究确定。

6.3.2 特许经营项目的开发周期

（1）新建特许经营项目的开发周期

新建特许经营项目的开发周期是指从项目策划开始、到确定项目方案、通过招标确定投资人、完成融资交割、直至项目开工建设的整个时期。开发周期较长是特许经营项目的一个基本特点，也是许多政府难以决定采用特许经营方式建设项目的主要原因之一。

一般情况，对于一个特许经营项目，从政府批准用特许经营方式开发项目到特许权协议生效，如果运作效率较高，大约需要一年半的时间。如果利用内资，工作周期可以缩短 15～20 周左右。对于不同条件的项目，开发周期差别很大。

1）进行预可行性研究（包括研究确定项目方案）和获得政府批准立项，大约需要六个月到一年的时间。

2）资格预审工作，包括招标人准备资格预审文件、发布资格预审通告，投标申请人准备资格预审资料和资格预审评审等，一般需要 5～6 周时间。

3）招标准备工作包括招标组织（主要是成立招标委员会和聘请中介机构等）、研究并明确技术要求、设计项目结构、落实项目条件、确定招标原则、编写招标文件、制订评标标准。这阶段的工作有很多不确定性，至少需要 15 周的工作时间。

4）从资格预审结束到投标人开始准备建议书之间，应该给投标人留出充分的时间做好投标准备工作（例如做出投标决策和重新组建投标联合体）。根据项目的具体情况，准备建议书工作需要 20 周左右。

5）评标与决标工作包括评标准备（如成立评标委员会和制定评标细则）、投标人澄清标书、评标委员会评估标书并完成评估报告、推荐中标候选人和确认评标结果等工作，一般需 3～4 周时间（不包括评标准备工作时间）。

6）合同谈判工作主要是为了确定中标人。一般情况下，特许经营项目的谈判需要进行三轮，大约 12 周时间。

7）在融资和审批阶段，中标人进行融资和政府审批可行性研究报告是同时进行的，大约需要 12～16 周时间。

（2）已建项目特许经营的运作周期

已建项目的运作周期与新建项目所需的周期基本相同，从招标准备工作到签订资产转让协议，如果运作效率较高，大约需要一年的时间。虽然已建项目需要对转让资产进行仔细、科学和严谨的评估，需要花费一定时间，但在评估期间可以同时进行招标准备工作。只要安排得当，资产评估与咨询顾问进行的招标准备工作在时间上不会发生冲突。

（3）缩短特许经营项目开发周期的手段

在特许经营项目运作过程中，应该采取以下措施，将开发周期控制在一个合理的水平内：

首先，积极有效地组织项目。

特许经营项目需要政府各相关部门的支持。如果招标委员会由相关部门的负责人组成，且由政府主管领导担任，则可以使工作效率大大提高。

其次，应聘请具有丰富经验的国际融资顾问。

如何在遵守惯例的前提下确保公平、保护中方政府的正当利益，同时又保证项目对于投资人具有较高的吸引力，是每个特许经营项目的运作者应该解决的核心问题。经验丰富的顾问公司可以给政府提供必要的帮助。

第三，进行认真的前期研究，提高招标文件的水平和质量。

特许经营项目招标不同于设备和工程采购招标，在锁定任何条件前，一定要确认资本市场能够接受这种条件。否则可能会被投标人误认为项目条件苛刻，使投资机构失去对项目的信心和兴趣。

（4）水业及垃圾处理行业特许经营制度

水业及垃圾处理行业特许经营制度是指在水业及垃圾处理行业中，由政府授予企业在一定时间和范围对某项市政公用产品或服务进行经营的权利，即特许经营权。政府通过合同协议或其他方式明确政府与获得特许权的企业之间的权利和义务。

实施特许经营权制度应包括已经从事这些行业经营活动的企业和新设立企业、在建项目和新建项目。

1) 特许经营权的获得：

实施特许经营，应通过规定的程序公开向社会招标选择投资者和经营者；

对被选特许经营权授予对象，应在新闻媒体上进行公示，接受社会监督；

公示期满后，由主管部门代表城镇政府与被授予特许经营权企业签订特许经营合同；

凡投资建设特许经营范围内的水业及垃圾处理项目，项目建设单位必须首先获得特许经营权，与行业主管部门签订合同后方可实施建设；

现有国有或国有控股的水业及垃圾处理企业，应在进行国有资产评估、产权登记的基础上，按规定的程序申请特许经营权，或者由政府直接委托授予经营权。

2) 申请特许经营权的企业应该具备的条件：

依法注册的企业法人资格；

与所申请的经营内容相应的条件：企业经营管理、技术管理负责人具备相应的从业经历和业绩，其他关键岗位人员具有相应的从业资格，应具有的资金和设备、设施能力；

良好的银行资信和财务状况，与其业务规模相适应的偿债能力；

具有可行的经营方案以及政府规定的其他必要条件。

3) 特许经营合同应该包括以下基本内容：

经营的内容、范围及有效期限；

产品和服务的质量标准；

价格或收费的确定方法和标准；

资产的管理制度；

双方的权利和义务；

履约担保；

经营权的终止和变更；

监督机制；

违约责任。

4）特许经营权的变更与终止

在合同期限内，若特许经营的内容发生变更，合同双方必须在共同协商的基础上签订相关的补充协议。若因企业原因导致经营内容发生重大变更，政府应根据变更的情况，决定是否继续授予其特许经营权；若政府根据发展需要调整规划和合同时，应充分考虑原获得特许经营权的企业的合理利益。

特许经营权期满前（一般不少于一年），特许经营企业可按照规定申请延长特许权期限。经主管部门按规定的程序组织审议并报城镇政府批准后，可以延长特许经营权期限。

水业及垃圾处理企业要依法自主经营。取得特许经营权的企业要在政府公共资源配置总体规划的指导下，科学合理地制定企业年度生产计划；为社会提供足量的符合标准的产品或优质服务；要自觉接受政府的监管，制定严格的财务会计制度，定期向政府及主管部门汇报经营情况，如实提供反映企业履行合同情况的有关材料。水业及垃圾处理企业应通过合法经营取得合理的投资回报，实现经营利润，同时承担相应的经营风险和法律责任，真正成为自主经营、自负盈亏、自我发展的市场主体。

6.3.3　水业及垃圾处理特许经营风险与监管

西方的经验证明，水业及垃圾处理市场化不仅有助于缩小政府规模，降低政府成本，而且能改善服务的质量和水平。我国目前以政府为主导的水业及垃圾处理由于缺少竞争和市场机制，导致了水业及垃圾处理项目的投资和运营上的低效率，而市场经济的内在要求和市场的国际化，要求我国的水业及垃圾处理市场化。

一些地区已经开放或部分开放水业及垃圾处理，允许民营企业进入，例如，广东鼓励和引导民间投资参与供水、污水处理等基础设施及公共事业建设。深圳市政府已开始就水务企业向国际招标。民间资本进入公用事业可以解决当前国内企业资本金普遍不足的问题，有利于打破国有企业垄断经营及国有企业政企不分的弊端。但是，水业及垃圾处理市场化涉及相当多的法律问题，在我国还没有成熟经验，现在提起民营化，其中还有很多隐藏的风险。

（1）市场准入及其风险

目前我国特许经营权的授予主要采两种方式，一是行政许可，由政府向经营企业发牌照，授予其特许经营权；另一种是由政府和选定的经营者签订特许经营合同，并按规定的内容来履行合同。依据 2003 年建设部下发的《关于加快市政公用行业市场化进程的意见》的规定："凡投资建设特许经营范围内的水业及垃圾处理项目，项目建设单位必须首先获得特许经营权，与行业主管部门签订合同后方可实施建设。"也即依据建设部意见，签合同是获得特许经营的必要方式。那么这种合同究竟是民事合同还是行政合同？产生纠纷以后，以何种方式解决争议？合同性质不确定，解决纠纷的途径也就不确定。例如发生争议后，能不能进行行政复议？政府、企业都无所适从，但企业的风险更大。因为政府授予企业特许经营权，实际上是行使公权力的表现，而我国现行的体制也决定了司法判决难以实际约束政府的民事行为，尤其是在政府不配合的情况下或者公共利益攸关的情况下，政府有足够的实力和充足的理由来抗衡司法判决。

此外，在特许经营许可证颁发后，成功的申请者如果陷入亏损，又可能产生中标者要求重新商洽许可证有关条款的可能，这是一种潜在的威胁。因此，具有补贴和惩罚的灵活的规制和监督体系就显得更为有吸引力。

不确定的或可终止的特许权是最近出现的新形式。当社会对公用事业公司的服务表示满意时，特许权的使用没有期限；当公用事业公司的服务达不到确定的标准时，政府有权收回特许权并以合理的价格收购该公司的资产。

（2）定价及其风险

水业及垃圾处理事业特许经营中的核心问题就是定价。我国水业及垃圾处理事业市场化改革之前，水业及垃圾处理事业一直由政府垄断经营。由于水业及垃圾处理事业被认为是福利事业，且与旧体制下的低工资政策相适应，水业及垃圾处理事业服务长期实行低价政策，政府在投资建设时极少考虑成本甚至不计成本。垄断带来的低效率和资源浪费，不仅严重影响水业及垃圾处理事业的正常发展，而且使消费者的权益受到了损害。在消费者和水业及垃圾处理事业公司之间进行着一场永无完结的拔河，在一方认为是合理的价格，可能被另一方认为是不合理的过低或过高。由于企业的目的是追求利润最大化，但水业及垃圾处理事业领域的特性决定了它以维护公共利益为根本目的，具有公共性，而利润最大化是私欲，公私之间就会产生矛盾，这种冲突就会集中表现在定价机制上。这就需要在两者间找到平衡点，既要维护公共事业的公共性特点，又要允许企业合理利润的存在。

理想的水业及垃圾处理事业价格及价格形式是：

价格合理，对消费者没有不适当的差别；保证水业及垃圾处理事业公司有相对稳定的收入，使之运作良好，促进节约和效益，保护资源和环境；

方便消费者付费和水业及垃圾处理事业公司收费，并使消费者易于理解。

（3）风险的承担与防范

尽管大多数水业及垃圾处理事业行业具有需求稳定、现金流量大、政府关心、社会关注等投资优势，但与其他行业一样，同样存在投资风险，特别是公共事业服务投资额大，涉及政治和社会大众等多种因素，建设期和回收期长，投资风险更具独特性。基础设施领域的大量风险必须被适当地分担。在市场化条件下，则是按照政府与投资者、生产者的角色分工不同，风险、责任、回报由各自分别承担和分享。

1）政府方的风险承担与防范

在水业及垃圾处理事业特许经营中，政府的角色比较复杂，政府既是特许经营规则的制定者，又是特许经营活动的裁判员和运动员，相对于企业，其优势地位十分明显，因而风险意识淡漠，对潜在风险估计不足。这类风险与政府行为有关，理应由政府承担。政府必须改变"我给你的权利，你必须听我的"这样一种思维定式，才能认识和把握水业及垃圾处理事业市场化的风险。要防范这种风险，政府应当做到：

第一，通过公开招标来确定特许经营者，并且应当倾向于有丰富的水业及垃圾处理事业经验、实力雄厚、服务信誉好的企业。

第二，政府规制应适度。在任何情况下，市场化的基础设施特许权都需要有效的政府规制。

第三，统一监管。和西方国家一样，我国水业及垃圾处理事业市场化最需要解决的关键问题是法律监管，包括市场准入和定价。

2）企业方的风险承担与防范

对企业而言，水业及垃圾处理事业特许经营的最大风险是体制风险。水业及垃圾处理事业特许经营合同，如果缺乏靠政府信用来保障合同履行。政府信用与现实社会的政治体制紧密相联，只有在政治体制上有制度，能对政府信用进行评价和约束，那么政府信用才有实际意义。

对企业而言，还存在政府是否守信的风险。政府必须信守自己的承诺，如果政府不守信，法律救济又不充分，那么企业的风险可想而知。

（4）特许经营的监管

水业及垃圾处理事业监管的内容主要包括市场准入、价格监管、信息披露、互联互通、反垄断政策以及普遍服务机制等。

一是市场准入监管。市场准入是一种行政许可行为，是一种授意性行政行为。

二是价格监管。价格监管主要是对那些经过特许而进入市场，并提供垄断性服务的运营商的服务收费水准及收费结构进行的控制，它是最重要也是难度最大的一项监管内容。

三是普遍服务问题。普遍服务是指特许经营者应在任何地方，以可承受的价格向每一个潜在的消费者提供的必须的服务。在水业及垃圾处理事业引入竞争机制后，需要建立一种新的普遍服务机制，使承担普遍服务义务的企业在参与竞争的同时，得到必要的补偿。

6.3.4 基础设施特许经营中特许权转让

（1）政府将设施的经营权转让给民营机构

1）国有企业与民营企业的竞争

如果采用社会公开招标投标的方式来选择基础设施项目的运营方，只要投标竞争是充分的，特许权转让的价格将会达到社会合理水平。但是，在政府将设施转让给民营机构阶段的特许权招投标过程中，很可能出现竞争不充分的问题，使基础项目的特许经营无法达到期望的目的。形成特许权投标竞争不足的原因有两个方面：

存在投标者私通合谋的可能性，特别是当投标者数量很少时，这种可能性就更大；

某家企业在竞争特许经营权中拥有战略性优势，其他企业就不愿与它竞争。

在目前开展基础项目的特许经营过程中，如果原来经营项目的国有企业转制后与民营企业一同参与招投标，招投标过程无法实现充分竞争；加上我国基础设施建设与管理领域过去一直是政府行为为主，项目目前的经营管理机构与政府部门存在千丝万缕的联系，特别是政府还需考虑解决原企业的职工就业问题。这些问题促使政府在基础项目中引入民营企业来解决资金紧张、提高项目设施管理水平的目标很难实现。

为了实现特许投标过程中的充分竞争，政府一方面是要克服地方保护的阻碍，扩大参与竞标企业的地域范围；另一方面是对现有国有企业经营者进行改组，使现有经营者与民营企业形成力量对等的竞争实体。

2）投标者的资格审查问题

竞争充分性要求有足够多的投标者参加竞争，但是，过多的投资者会带来经济资源的浪费。对于许多基础项目而言，在当地地域内具备经营管理能力的机构毕竟是少数，如果以是否具备项目的经营管理能力为投标资格的审查条件，就会对现有的项目经营管理机构形成保护，不利于特许经营的开展。

民营机构只要能够交得起招投标的规定费用和保证金，愿意承担违约责任，就可以参加投标，出价最高并交纳特许权费者就应当成为特许权所有人。特许权所有人可能不具备运营管理项目的能力，但它可以委托专业管理机构来运营管理项目，这样就有利于一些投资管理公司和资金实力雄厚的机构参与特许权竞争，克服一些项目经营管理机构资金运作能力不足，缺乏风险控制能力等弊端。

（2）民营机构将设施转让给政府的补偿

特许期结束后，民营机构将项目转移给政府是无偿还是有偿的，是非常复杂的问题。

如果转让是无偿的，特许期内，民营机构对于项目的技术改造和维护投资将会尽量压减，况且政府监管机构也会限制经营管理机构未经同意随意改动项目设施。这样项目资产的技术改造和维护就可能无法正常进行。如果政府监管部门承担项目资产的技术改造和维护任务，就会影响市场力量的作用范围。如果政府监管机构不承担资产的技术改造和维护投资责任，由于经营方担心维护投资在特许期满前无法全部回收，将减少必要的投资，特别是越接近期满时越节省投资。这样，一方面基础设施的产品或服务质量容易出现问题，另一方面特许期满民营机构转移给政府的项目可能成为一个空壳，功能大大减退，政府要安排投入巨资进行维修改造，否则项目就无法发挥正常功能，下一轮的特许经营很难进行。如此一来，政府采取特许经营融资的效果就很差，不如政府直接委托国有企业管理经营。

因此必须很好的设计特许权合同条款，激励和约束经营企业对项目资产给予正常维护。设计一个补偿原则，给特许权人一种激励，使其承担所有要求的投资而又不会使其过分投资。给的补偿太少会减少好的投资，而补偿太多将会鼓动经营者为获得补偿而进行投资。理论上，补偿可以轻易解决不断的特许权竞争带来激励而又保持要求的投资激励。但实践中，获得合理激励的补偿制度设计是非常困难的。

根据各国政府进行基础设施特许经营的经验，常用的补偿方法有如下几种：

1）政府给原经营者适当的财政补偿

最后支付的转让金额要根据对项目性能的检查情况，并确认项目资产是否已被恰当维护且仍在正常工作，可以酌情对转让金额进行调整。

2）新经营者支付补偿金

可以组织其他厂商对补偿金进行投标而不是特许权费投标。现有特许权人也可以参加投标，如果他获胜，他将得到特许权，没有资产过手。尽管现有特许权人可以提供任意的报价，但它没有理由提出比自己认为的特许权价值过高的标价。

3）偏向于现有特许权人的重新招投标

新一轮投标中，要求当新的投标者的投标比现有特许权人的投标高出特定比例时，特许权方能给予新的投标者。该条款的优点是鼓励现有特许权人作出有价值的投资，因它有极大机会重新获得特许权，因此有利于那些有长期利益的投资，但同时，该方法会引起一些争论，偏向于现有特许权人的招投标可能在某种程度上减少了其他厂商对现有特许权人的竞争压力。

4）要求原经营者向政府交纳资产质量保证金

政府要求特许权人缴纳一定数额的保证金，特许期满，政府根据资产状况和约定的计算公式计算出应从保证金中扣减的金额，然后返还剩余的保证金。

5）采用期限较长的特许权期

通过较长的特许权期限，减少经营者对失去特许权的担心，可以激励特许权人进行必要的投资。但是特许权期限的加长也减少了对经营者的竞争压力，会降低其对效率改进的追求。

南京市投融资改革的具体合作模式

本着资源优化配置、效率效益最大化的原则，主要采用三种合作模式：

1）合资。主要侧重于盘活资产存量，同时引进增量资金。如年初通过出让液化气公司剩余资产进行合资的华润液化气公司（已挂牌营业），正在洽谈中的自来水总公司、煤气总公司、江心洲污水处理厂扩建工程等。这种方式合资双方利益与风险共担，共同经营、共同管理、效益共享，市政府不承诺固定回报，有利于真正引进先进的管理经验，再造企业的体制、机制。

2）TOT（转让—运营—转让）方式。主要通过转让经营权吸引外部资金。如在建的 30 万 t/日处理能力的城北污水处理厂项目。

3）BOT（建设—运营—转让）方式。主要通过出让建设权和经营权，吸引增量资金。如即将投入建设的城东污水处理厂、仙林大学城污水处理厂。后两种方式回报率均不超过10％（内资在 8％以内）。

根据上述原则和模式，南京市一举拿出自来水总公司、煤气总公司、公交总公司的全部资产，江心洲污水处理厂扩建工程、城北污水处理厂工程等 4 个污水处理项目等总计 40 亿元的资产和项目对外公开招商，并广泛与国内外有意向单位进行了接洽。今年 6 月在江苏省香港投资洽谈会上，南京市公用控股公司与法国威望迪、北京首创等境内外企业一举签订了四项合作意向书，总投资 2.25 亿美元，注册资金 1.33 亿美元，协议外资 1.135 亿美元。市煤气总公司与香港中华煤气公司、市公交总公司与香港新世界、九龙巴士等也进行了合资合作谈判。上述项目目前已有部分进入了实质性运作阶段。

这样，在公交、煤气、自来水等方面进行全面开放。

所有固有资产都要经过规范的、国有资产管理办公室认可的评估进行评估。中间有中介机构，可以规避经济风险、金融风险同时还要规避政治风险，因为这是许多企业关心的。只有通过公平、公正、公开，来保护企业，保护自己。在法律方面，每一个项目都成立一个法律事务所审查。

与投融资体制改革相配套的政策趋势

投融资体制的改革，或者说公用事业向民营化的转轨，不单纯是投入方式的变化，即由过去政府的单一投入变为政府、社会多元投入，而且也是一场市场与管制、企业内部环境与外部环境的博弈。为有效推进改革进程，政府必须着力创造有利的外部政策环境和条件。

1）资产处置的操作平台问题。无论是合资还是 BOT、TOT 合作方式，都将涉及资产置换或有关权利的让渡问题，因此必须明确国有资产具体管理操作的平台，由其前期代表政府向投资者出让经营权、建设权，期满后代表政府收回相关权利。以南京市情况来说，南京公用控股公司目前拥有水、气、公交等企业的资产管理权，但污水处理厂等资产由于一直作为非经营性事业资产未予划入，因此又面临将这些非经营性资产变性后纳入管理的问题。只有这一问题得到明确后，投融资改革的有关方案才能进入实质性运作阶段。

2）市政公用事业价格形成机制问题。投融资体制的改革和民营化的实现，是以市场化为导向，以一定的价格机制支撑的。如果没有一定的回报机制，就不可能吸引多元投资主体的参与。因此必须打破传统的定价模式，依据市场化改革的方向，按照成本＋微利的原则稳步推进市政公用产品价格改革，逐步建立起激励社会投资的科学的价格形成机制和管理机制。

3）关于特许经营权问题。由于市政公用事业牵涉面广、专业性强，实施特许经营十分必要，同时这也是合资合作谈判过程我国内外投资者普遍提出的前提条件之一，因此对此必须加以研究并予以明确。

4）关于市政公用管理法规建设滞后问题。由于以往的法规体系是建立在计划经济模式基础上，随着市政公用市场化改革的深入，原有的法规远远赶不上实践的需要，一方面许多旧有条款已明确不适应甚至背离改革发展的趋势，另一方面还有许多新的市场行为亟待法规的调整和规范。只有切实加快市政公用立法步伐，有效建构适应市场经济体制的法规体系，市政公用行业管理才能保持控制力，确保行业的有序健康发展。

5）市政公用企业改革的政策扶持问题。由于过去国有企业欠账过多，在合资合作以及推进民营化的过程中在职工劳动关系的补偿、医疗保险、购房补贴等方面必然要付出一定的改革成本。因此参照国有工业企业的改革模式，需要争取一定的政策优惠：①政府应同意将资产存量盘活的一部分用于老企业职工安置、坏账弥补等遗留问题的处理。②新的合资或合作企业继续享受政府给予国有企业的土地无偿划拨政策。③继续享受有关税收、公用事业附加征收优惠政策。

6.4　城镇供水政策构建

阐述市场经济条件下城镇供水管理政策、收费方法，并结合小城镇的特点提出小城镇供水的主要政策框架。

6.4.1　政策框架

从长期趋势看，我国的蓄、养、治、净、供、节水行业发展前景很好，估计今后水务和与水环境有关的市场增长有可能达到年均 15％ 左右的速度。目前的供水行业还处在一个低度开发状态，该领域的市场化进程还刚刚开始，无论是大型水处理设备和技术，还是一些先进的中小型节水设备和技术，主要靠进口，国产供水设备和技术的水平还比较低。今后，我国水行业发展和宏观管理的制度性措施重点应当是：逐步放开水务市场，加快水经营市场化，形成全国统一的水务市场体系；改变水行业经营的准入等制度门槛，创新水务经营管理模式；调整和改善水价调节机制，逐步形成公平竞争的水务市场机制；加快水处理、节水设备制造的国产化，促进供水产业技术升级和水供规模化经营；对那些具备良好技术设备、管理经验和竞争能力的企业，只要他们为扩充国家水资源，提高国土养、蓄水功能、污水处理和节水等做出贡献，可考虑从税收、融资（信贷、发行股票和债券）等方面给予优惠，通过制度和政策调整全面改善水务企业的经营环境。

随着"入世"后我国水务市场逐步与国际市场接轨，外资在该领域的进入会有所加快，有的条件好的企业将加快抢滩我国水务市场，这些外企进入我国水务市场的明显优势是，水供给、处理和输送的技术含量高，经营管理现代化，能够在节水基础上提供水供效率。相比较而言，国内水务企业有比较大的差距，在技术、管理、公司内部治理等方面存在一些问题，其经营服务不能快速而高效地满足用水客户的需要；另外，国内水供企业缺乏规模经济效益，产业链条单一，在逐渐激烈的水市场竞争中不具有技术、管理、服务和制度优势。为了支持国内水务企业的发展，首先，可考虑通过财税措施促使国内水务企业加快技术更新、改造，实现技术水平的升级；其次，要改善国内水行业融资环境，通过多样化融资渠道不断扩大水务企业的资本和生产规模，提高规模经营效率；其三，要通过建立合理的水价机制，调节水务企业与用水单位之间的关系，促使水务企业加强成本管理，提高水务服务水平；其四，是要加快水务企业内部机制改革，在建立多元化产权机制基础上，促使企业内部治理适应水务市场公平竞争的发展需要；其五，要对供水、用水、排污等行为进行法律规范，可考虑制定和颁布《水法》，使我国水行业的生产、消费和水务市场管理逐步走上法制化轨道。

国家确定的城镇供水排水产业发展目标是：确保城镇安全供水，供水水质满足国家颁布的生活饮用水水质标准，不断提高城镇供水普及率；到 2005 年 50 万人以上的城市污水处理率应达到60％以上，2010 年所有城市污水处理率不低于 60％，直辖市、省会城市和重点风景旅游城市不低于 70％，不断提高城镇水环境质量。

发展我国城镇供水产业的主要方针政策：

坚持开源与节流并重、节流优先、治污为本、科学开源、综合利用的原则，为城镇提供安全可靠的供水保障和良好的水环境，支持城镇的可持续发展。

按照 1999 年建设部颁发的《城市供水水质管理规定》的要求，健全国家城镇供水水质检测网；加强城镇供水水质监测工作，包括二次供水和单位自建设施供水水质的监测；定期公示供水水质监测结果。

继续加强节约用水管理，对各类用水推行计划用水和定额用水管理，超计划和超定额用水实施加价收费；提倡采用不用水或少用水生产工艺，提高工业生产用水重复利用率；推广应用节水型用水器具；加强供水管网检漏工作。

加快城镇水价改革步伐，形成激励节约用水的水价机制和价格体系；进一步提高地下水资源征收标准；按照国家有关规定，所有城镇应尽快征收污水处理费，水资源短缺城镇要实行超计划用水高额累进加价制度。

加强城镇水资源管理，做好地表水和地下水水资源的联合调度；建立枯水季节和连续干旱年的供水预案，提高城镇供水保证率；加强对供水水源的安全防护和监督，建立突发事故报警系统。

积极推进区域供水，发挥规模供水效益，促进水资源合理配置，推动城乡供水一体化；继续提高城镇和城镇郊区的供水普及率。

大城镇应因地制宜建设城镇污水二级（生物）处理设施，当受纳水体是封闭或半封闭水体时，应建立具有除磷脱氮功能的污水深度处理设施；独立于城镇排水管网的居民区或工厂应考虑采用多种人工或生态污水净化设施相结合的方法就地处理污水。

北方水资源短缺的城镇应建设城镇污水再利用处理设施，雨水收集与利用设施；有海咸水资源的城镇还应考虑充分利用海咸水资源和淡化海咸水的利用。

加强城镇供水和排水管网建设和更新改造；积极引进、开发和推广强度高、水力条件好，施工简便、可靠程度高的新型管材和多种管道维护、更新技术和设备。

积极采用现代信息技术和控制技术改造和装备城镇供水排水系统，提高系统服务质量，运行效率和安全可靠性。

开放城镇供水和排水设施（包括管网）建设和运营市场，积极引进国外和市场资金，加快城镇供水排水设施建设，提高服务质量，以满足我国加快城镇化进程的需求。

6.4.2　供水行业管理政策

近期和今后相当长一段时期内，我国供水行业发展和宏观管理的政策重点应当放在以下几个方面：

（1）综合利用财政金融手段，提高供水能力

利用国债资金继续支持农民退耕还林、还草，加大对防治沙化的财政、金融支持力度，加速恢复绿色植被（尤其是植物和树木不同高度的混合植被），提高空气湿度和土地表面的生态型造水、蓄水、养水功能，通过良性生态循环从总体上提高国土养水功能，扩大全国水资源供给空间，增加国家水资源供给总量。

通过财政和金融途径，加快水利基础设施建设，在改善造水、保水、养水条件基础上，持续增加对综合治理大江、大河的资金投入，加快设堰、立坝、建库、修渠、清淤等方面的水利建设，提高江、河、湖、库、坝、沟、池的蓄水能力，建立地表水高储蓄功能体系。同时，要用立法的方式严禁超采地下水，保持地下水储和水流的自然平衡。

（2）通过政策和机制创新大力发展节水业

努力建立节水型经济社会。朱总理在谈到"十五"计划时曾强调，节水是国家的优先事项，只有通过节水才能缓和水资源的供求矛盾。目前，我国万元 GDP 的用水量约是美国的 8 倍，万元工业产值耗水是美国的 5～10 倍，可见节水空间非常大。我们要通过建立激励和约束机制，采取有力的政策措施，加快节水型经济社会的建设进程。综合运用财政、科技和工程措施，在工业生产、城镇居民生活等方面广泛实施节水措施，建立工业生产和市民生活全面节水机制。同时，要在加强农业灌溉节水基础上，保护农村饮用水源，划定村镇农民集中式饮用水源保护地，确保水质，加强农村水利建设，建立农业生产用水和自然水系之间的协调机制，保证农村、农业生产和农民饮用水的可持续性。

这就要求充分发挥城乡水务市场的价格调节作用，利用市

型水价机制调节水供求关系。按照国家计委公布的《"十五"水利发展重点专项规划》提出的要求，建立合理的水价格形成机制，逐步提高水价，实行计划用水、定额管理，对不同水源和不同类型用水实行差别水价，同时开征水资源税，用经济手段制约随意取水、浪费水的现象，保证我国水供求的短期和长期平衡，缓解水供给的总量紧缺和结构矛盾。最近，北京、上海等大中城市已经提高了居民生活用水价格，由过去每立方米几角钱提高到1.5～2元不等，市民开始注意节约用水，但还不够。按每立方米2元计算，目前市民水费支出不到家庭总消费支出的1%，水价上调还有很大空间。

（3）合理调整水资源的地区分布，优化地区、城乡以及东西南北之间的水供给结构

在继续保持多水区造水、养水的可持续性基础上，提高缺水区的引水、保水和水循环能力，缓解水资源的地区性供求矛盾，努力实现水资源地区分配的基本平衡。近期，引导全国水资源分布结构优化的重要工作，一是帮助常年干旱的江河上游地区提高蓄水、保水能力，政府可以考虑拿出一部分钱帮助这些地区在退耕还林、还草、绿化地表的基础上，实施建库、立坝、造湖工程，在雨季"把水留住"；二是尽快推进"南水北调"工程，缓解北方缺水矛盾。

6.4.3 合理价格形成机制

（1）实行水资源有偿使用制度。用水单位和个人必须依法缴纳水费。各级建设行政主管部门是水费征收管理单位。水费征收和使用必须利用经济杠杆作用促进计划用水、节约用水。收取的水费要作为专项资金，纳入预算管理，按规定专款专用。

（2）合理确定供水价格。新建工程的供水价格，要按照满足运行成本和费用、缴纳税费、归还贷款和获得合理利润的原则确定。原有工程的供水价格，要根据国家的水价政策的成本补偿、

合理收益缴纳税费的原则，区别不同用途进行成本测算，在3～5年以内调整到位，以后再根据供水成本变化、物价上涨指数情况适时调整。由县级以上政府物价主管部门会同建设行政主管部门制定和调整水价。水资源短缺地区的水价要适当提高。不同行业的供水价格应有所区别。对节约用水的单位可在供水价格上实行优惠政策。

（3）以下是某城市不同镇（区）的供水价格情况。由表6-1可以看出，供水价格要遵循合理成本、差别定价的原则。

某城市不同镇（区）的供水价格（元/t）　　　表6-1

编号	居民生活	行政	工业	商业、服务业	建筑
1	1.70	1.90	2.00	2.50	2.50
2	2.00	2.30	2.45	2.80	2.80
3	1.50	1.80	1.90	2.10	2.10
4	1.80	1.90	2.50	2.20	2.50
5	1.40	1.60	1.90	1.90	2.00
6	1.50	1.60	1.90	2.00	2.00
7	1.60	1.80	1.90	2.20	2.20
8	2.00	1.80	1.95	2.30	2.30
9	1.40	1.50	1.60	1.70	1.70
10	1.40	1.60	1.80	2.00	1.80

6.4.4 促进小城镇供水发展的政策探讨

（1）引入竞争机制，促进供水行业产业化发展

1）由于小城镇财政收入相对较低，发展供水设施存在大量的资金缺口。因此，需要积极引入市场机制，拓展融资渠道，鼓励和吸引社会资金和外资投向城镇供水设施项目的建设和运营，加快城镇供水设施的建设步伐。

2）由于供水行业的收费制度比较完善，基本能确保城镇供水设施的正常运营和建设贷款及债券本息的偿还。因此，小城镇

供水行业具备了引入竞争机制的基本条件。从国外经验来看，供水行业虽然是低利润甚至没有利润的行业，但由于其风险低、收入稳定，所以，很多投资者愿意投资供水行业。

3）国家将采取积极有效的措施筹集建设资金，进一步加大建设投资力度，对小城镇及西部地区供水设施建设给予资金倾斜；对各地收取的水费，免征增值税；对城镇供水工程所购置的设备可加速折旧。各地要继续落实好国家投资的城镇供水工程项目的配套资金。

（2）推进市场化进程

小城镇供水行业引入竞争机制的最终目的是提高效率、实现可持续发展。随着市场经济体制改革的深入，小城镇供水行业也势必需要走市场化的道路。我国供水行业发展的实践证明这一点。

1）在供水行业打破垄断、开放市场，充分发挥市场机制配置资源的作用，不能再搞地域分割与部门封锁。在指标和进度要求下，已经改制的供水企业，在处理好国有资产不流失与现有职工的合法权益不被侵犯的同时，还应该引入竞争机制，并严格按现代企业制度构建多元化的投资主体，达到既提高供水企业经营管理能力与降低运行成本，又尽可能减少政府的财政补贴。可以根据各地的实际情况，通过招投标方式来引进本地或外地的投资主体，模式上可选择 ROT（改造—运营—移交）、TOT（移交—经营—移交）和 BOT（建设—运营—移交）等。

2）必须建立政府对供水行业市场化有效监管的体系。政府代表社会公共利益对供水行业进行有效监管，涉及公共利益的决策，应更多考虑到各个群体的承受能力。在严格规范政府行为的同时，合理设置监管机构，制定一系列的监管制度和监管标准，并界定政府监管的政策界限，实现政府对供水行业监管的法制化、规范化、程序化、高效化。

3）推进市场化政府要负起责任，要充分发挥政策优势，加大力度，强力推动市场化，并实现五个转变：

一是必须实行政企分开，政私分开，政府不要直接办企业。政府要进行宏观管理，培育市场，制定规则，当裁判员，不当运动员。

二是要防止对市场化的简单化理解，防止国有资产流失。有很多人理解市场化就是把企业卖掉。我们要盘活资产，但绝不是一卖了之，要明确目的、责任，定位要准确。

三是要认真分析和分别对待供水行业，对公益性的供水管网等，政府必须保证足够的投入，保证其正常运行和运转。

四是要积极稳妥地推进供水行业行业市场化。在实施产权制度改革时要按照国家和当地政府的相关政策，妥善解决好职工养老、医疗等社会保险问题。

五是要加快法律法规的建设，特别是法制建设，依法推进供水行业行业的市场化。

6.5　城镇污水处理政策构建

阐述市场经济条件下城镇污水处理管理政策、收费方法，以及污水资源化的相关政策。结合小城镇的特点提出小城镇污水处理的主要政策框架。

经济发展与水环境污染是成正比的，也就是说经济发展的速度越快，相应带来的水环境污染就越严重。经济的发展是需要资金投入的，保护环境不受污染，同样也需要钱，当资金有限的时候，就需要将经济发展和保护环境这两项硬指标进行有机的协调，不能造成顾此失彼或厚此薄彼的局面。

6.5.1　政策框架

（1）大力推行城镇供排水一体化，促使将城镇涉水的问题作为一个整体来综合考虑、统筹安排。

（2）推进污水处理设备国产化，为降低工程投资，方便设备检修和维护，带动国家机械行业结构调整和制造业的发展。

（3）多方筹资加速污水处理厂的建设，以最短的时间控制、治理已造成污染的水环境。

（4）改变污水处理行业的运营机制，由事业型向企业经营型转变。

（5）政府应给予污水处理行业优惠的政策，从电费、自来水价等几个方面给予一定的优惠。同时对污水处理费的征收提出新的要求。

（6）再生水回用。重新认识再生水，把再生水利用的渠道拓宽，要因地制宜根据需要确定再生水的利用途径。

（7）污泥最终处置要向无害化、资源化方向迈进。全国污水处理厂产生的污泥其最终处置均存在不同程度的问题，污泥的最终处置不能用统一的模式，要根据污泥的成分分类结合本地区的具体实情来选择最终处置的途径。

6.5.2 污水处理行业的管理政策

（1）改进和强化对城镇污水处理的政府监管

由于水行业的特殊性质，世界各国都必须制定种种的管制政策。但是管制并不意味着发展的停滞。同样是管制，国外的水企业已经成长为国际型的大型水工业集团。对于我国而言，要形成水管理的良性发展，关键是政府管制理念的转变。首先，政府作为管制者，应将其目标定位在建立水市场运行规则、维护市场运行秩序，培育大型民族水工业企业集团上。其次，管制范围不应是对企业微观经营活动的具体规定和限制，而应是对企业是否遵守市场规则的监督，使企业获得广阔的发展空间，这样政府也能集中力量制定、完善和维护市场规则。

政府部门要由城镇污水处理设施的投资者、管理者、经营者，转变为城镇污水处理的行业法规制定者、规划编制者、投资引导者、市场培育者和行为监督者。应改革现行的城镇污水处理厂运行管理机制，借鉴外国公司的做法，合理确定处理厂的运营价格，根据处理厂的处理量多少来核定运行经费，处理量越大则经费越多，从而调动处理厂的积极性，降低管理成本。为了保证污水处理厂的正常运转，环保部门应进一步加大对污染点源的监督管理，杜绝超标排放和偷排现象；建设部门应强化排水许可管理，实施排水监测，对符合《污水排入城市下水道水质标准》的企业废水，才允许进入城镇排水管网和污水处理厂进行处理。对于处理深度不能满足要求的污水处理厂，应安排资金，逐步进行工艺改造。

（2）政府优惠政策，促进污水处理行业的产业化

1）电费价格

污水处理厂是常年运转的单位，污水需要日夜 24 小时均匀地衡量地进行处理，污水处理厂又是一个用电大户，电费是污水厂运行费用的主要组成部分，直接影响污水处理厂的成本核算。由于污水处理厂是为民造福的福利性企业，污水处理厂的成本加大会给工厂、企业、居民造成负担。为了使污水处理厂能够保持正常运行，政府应给予污水处理厂较合理的低价格的电价政策。

2）自来水水费价格的确定

水的价值随着日益减少而更加昂贵起来，这个规律是社会发展的必然，在走向市场经济的今天，政府有关部门也没有必要再向自来水费中补贴了。只有彻底将自来水价格推向市场，才能体现出淡水资源的真正价值来，才能刺激消费者水的忧患意识和节约用水的实际行动，才能迫使人类产生寻求第二水资源的意愿。

3）自来水采取定量供应，超量加价的措施

根据工厂、企业、宾馆、饭店等不同行业的特点，制定限量供水的额定指标，居民按照家庭人口的多少定出生活用水额定指标，在此基础上，对自来水用户采取超量加价收费的措施，用经济手段来促进人们对淡水资源匮乏的认识和节约用水的行动，从

而逐步使人们认识水资源的本来价值。

4）污水处理费要按照排出污水的水量和水质的实际状况，实行综合指标计费法进行收费

污水处理厂的建设规模及处理工艺的选择是依据污水排放系统的水量与水质而确定的，污水处理厂运行管理成本的组成不仅与各工厂企业排出污水的水量有关，而且与各工厂、企业排出污水的水质有更直接的影响。为此，收取污水处理费不能单纯从排出水量的多少来计费，而且还要综合排出污水中各种污染物的多少一并计费，对排放污水量大而且污染物含量高的工厂、企业收费单价相对要高些，对排放污水量小而且污染物含量低的工厂、企业收费单价相对要低些，对宾馆、饭店的收费要高于工厂、企业的收费价格，对居民的收费价格要低于工厂、企业的收费价格。

5）污水处理厂转制

污水处理厂转制后，由行政事业性单位转为企业经营型实体，但污水处理厂的服务对象还没变，为民造福的宗旨没有变，所以不能把这个企业办成追求高利润的企业，要办成千方百计节约能耗、降低成本的企业。污水处理厂又是保护环境治理污染的企业，应当享受政府颁布的各种减免税优惠政策。

（3）厂网分开，引入竞争机制

鼓励多种经济成分参与污水资源化建设，多方面拓宽投融资渠道。政企高度统一的管理模式是污水处理业难以运营的一大障碍，水务是公益事业，控制权应归政府，但是经营主体可以多元化，这是污水处理市场化的必然模式。由于城镇供排水管网的建设、改造及运营所涉及的问题很多，因此在现阶段的大多数城镇（除了市场经济发展比较完善的地区）仍应由政府控制管理。但是供水、污水处理及再生水则可以放开市场，引入竞争机制。厂网分开，就是指使供排水管网的运营管理与供水、污水处理和再生水经营（是竞争项目，而非重复建设）分开，其实质是促使污

水处理厂建立现代企业制度，真正成为自主经营、自负盈亏、自我约束和自我发展的经济实体，也是鼓励多种经济成分参与（以股份制参与，而不是多个处理厂）污水处理，多方面拓宽投融资渠道的途径之一。

6.5.3　合理收费政策，促进污水处理行业的可持续发展

污水处理行业是消除污染，为民造福的行业，也是耗资较大的行业，每天处理污水 20 万 m^3 的污水处理厂每年需要运行经费几千万元，一个城镇、一个地区只建一座污水处理厂，当地政府可勉强承担其运行费用，但负担几座污水处理厂的全部运行费用，当地政府就无法承担了。所以发展的趋势逼迫污水处理厂的运营机制由事业型转变为企业经营型，由过去的政府承担运行费转变为企业按照市场经济模式自己去收费（要合理的收费），企业法定代表人就可按照经营型的运作方式去管理运行污水处理厂，这样就避免了一些地区出现的无运行经费而造成停运和有多少经费处理多少污水的不正常状态。由于有了正常的合理的固定的收费渠道，从而也保证了污水处理厂的正常运行，使这项造福于民的行业兴旺发达起来。

加大合理收费的力度，保障污水处理厂的正常运行，污水处理厂运行经费的惟一可靠的来源渠道就是收取污水处理费，国家对该收费有了明确的规定，地方政府应按照本地区污水处理行业所需要的经费及当地工厂、企业、居民承受的能力，给予加大收费力度的政策。一个地区污水处理厂建设的规模越大，处理的水量就越大，人民受益也相对大，从而污水处理厂的运行费用也高，向工厂、企业、居民收取污水处理费也会相对高些，这个道理人们会理解的。随着工农业生产的发展，人民生活水准的提高，物价会不断上涨，污水处理费的收取也要随之提高。这样才能满足污水处理厂合理开支的需要，才能保障污水处理厂持久地正常运行，才能使污水处理行业沿着良性发展轨道可持续的生

存，人民的身心健康才能得到保障，良好的水环境才能得到长期的保留，才能真正办好为子孙后代造福的伟大事业。

6.5.4 促进小城镇污水处理行业发展的政策探讨

（1）大力推行城镇供排水一体化

我国的一些城镇纷纷将原来分散、多头管理的城镇供排水整合，组建大型水务集团，与参与自来水厂建设的洋水务展开竞争。2001 年深圳在我国率先全面启动了供排水一体化改革，将市城管办属下的污水处理厂及排水管网并入市自来水公司，成立了深圳水务集团，把"水"当作产业来经营。新的水务集团实行供排水一体化、统一经营、统一管理，通过引进外资或其他投资者，使供排水基础设施建设、管理与运营逐步实现市场化。紧随其后，上海成立了注册资本达 90 亿元的上海水务资产经营发展公司。

广东省于今年将推广自来水和污水处理厂的"捆绑经营"，引入竞争机制，实现产权的多元化。实践证明，污水处理与自来水结合在一起，可通过自来水企业带动污水处理厂起步，自来水企业现有的技术力量和设施能充实完善供排水功用技术设备，可节约技术投入，提高设备利用率，实现资源共享。这些做法预示着今后我国在解决城镇供、排水建设投融资问题上，将寻求以市场化为主导，充分吸收和利用国际资本和民间资本，以多元化竞争促我国水务市场发展的思路。

对于小城镇，由于供水和排水的规模小，供水排水的一体化管理可以提高效率，节约成本。同时，推行供排水运营管理一体化，可以促使将城镇涉水的问题作为一个整体来综合考虑、统筹安排，有利于统一规划城镇供水、排水、污水处理和中水等设施的规模、布局，有利于污水处理厂利用自来水公司的人力、物力资源，有利于保证污水处理运行费用及时到位。推行供排水一体化的核心内容是两个集中：一是行业管理职能向一个部门集中。政府通过职能调整，把负责排水管理的事业单位的行政管理职能移交给主管部门，着重建立政企分开、特许经营、多元主体、有序竞争的市场体系，实现供排水行业管理一体化。二是企业经营行为向一个市场主体集中。首先，把污水处理厂和排水管线维修作业单位由事业改为企业，然后以资本为纽带，通过资产划拨、控股、参股、收购、转让经营权等方式与供水企业进行兼并联合，组建城镇水务公司，实行城镇供排水企业经营一体化。然而，实践也表明，在供排水一体化的水务公司内部，由于供水和排水的定价水平、产权方式等不同，现实实践中也出现了一定的障碍。在进行体制改革中，要根据供水和排水的特点分别加以考虑。

（2）推进污水处理设备国产化

大量使用进口设备，是污水处理建设和运营费用居高不下的原因之一。应加大科技进步和技术创新，推广工程造价低、运行成本低、占地省的处理工艺。

对于小城镇来说，为降低工程投资，方便设备检修和维护，应积极利用国产化设备建设污水处理工程。要鼓励环保产业和污水处理厂积极消化吸收国外设备，开发研制国产化污水处理设备、药剂和材料。污水处理厂应逐步向企业化发展和过渡，提高人员素质，严格控制人员编制，努力降低管理成本。

（3）投融资政策，促进投资主体的多元化

1）争取国际赠款

利用好国际、国内的政策，抓住机遇，选好项目，争取得到国际上发达国家有兴趣的环保项目的赠款金额，作为水污染治理项目建设资金的一部分。

2）寻求国际贷款

目前，有世行贷款、亚行贷款、日元贷款，还有一些发达国家的政府贷款及商务贷款等。要根据我国某个地区的特点和对某种贷款的需要，选择好贷款渠道，充分利用国际金融的财力，搞好污水处理事业的发展，贷款是找人家借钱，要还本付息，这样我们虽然会给子孙后代们留下一些债务，但总比给他们留下一个恶劣的生活环境好得多。

3）挖掘地方财力，走自筹资金的自力更生之路

自筹资金建设污水治理工程是最好的办法之一，它不仅将被污染的环境得到治理且没给子孙留下债务，但难度很大，由一个部门出资是不可能的，只能在政府的统一组织下由多方进行筹措。从城镇建设资金，污水处理费，超标罚款，财政收入等方面共同努力集资，这种方法在中小城镇更为适宜。

4）发挥国家、地方各级政府的积极性，实行三家抬的形式来筹措资金

对污染严重，其污染源涉及面广、危害较大，又不是一个城镇自己能解决的污染项目，要由所在省有关部门做好向国家有关部门立项，争取一定额度的建设资金，再由省有关部门拿出一定额度的资金，剩下的由所在市自己投入一定额度的资金，把集中在一起的财力用到治理项目中来，调动了各方的积极性。

5）调动社会财力，发放建设专项债券

建设污水处理厂，消除水污染也是为人民造福的一项事业，政府一时又拿不出巨大的资金投入到治理项目的建设中去。为了使污染快速得到控制，向公民投放建设专项债券，给公民一定的高于银行存款利息的待遇，使公民的资金投入到基础设施建设，发挥这部分资金的作用，也能为政府解除一些资金筹措的忧虑，又体现了全民的环保意识。

6.5.5 再生水回用

污水经过不同深度的处理后，成为了人们的第二水源。世界的淡水资源极端紧缺，前联合国秘书长德奎利亚尔曾讲到："过去人类最可怕的是战争，未来人类最可怕的是淡水资源的紧缺"。淡水资源面临取尽，使人类产生巨大的危机感。我国水资源的拥有量在世界排名第121位，可见我国水资源的占有量居于世界排

位之后，说明我国淡水资源匮乏，需引起我们高度关注，并在节约用水的同时还要积极开发第二水资源。实践证明来源较为可靠的再生水是第二水资源之一，但是，人们对再生水的认识有偏见，认为再生水是由污水经过处理后获得的，归根还是污水，所以不能得到重用，给再生水利用渠道的开发造成了极大的困难。

面对淡水资源的宝贵要求，人们重新认识再生水，把再生水利用的渠道拓宽，要因地制宜根据需要确定利用途径，可以从以下几种利用途径选择：

农业用水；

工业用水；

市政、园林用水；

生活杂用水；

城镇二级河道景观用水；

利用现有坑塘储存再生水；

地下水回灌用水。

为使再生水得到充分合理的利用，有关部门应出台明确的优惠政策和必要的强制性政策。

凡是能够利用再生水的工厂、企事业单位和居民都能享受优惠的自来水水价（额定指标内的自来水用水量）。

凡积极使用再生水的单位和个人，其原核定的自来水用水指标不予减少。

对能够使用再生水的工厂、企事业单位（再生水水质能达到用水水质标准）而无正当理由却不接受使用再生水的单位进行宣传，协助解决思想技术问题，并采取加倍收取自来水水费的临时措施，使其很快接受使用再生水。

6.6 城镇垃圾处理政策构建

目前，我国的城镇生活垃圾处理体制基本属于计划经济管理体制,同市场脱节,严重制约了我国城镇生活垃圾处理事业的发展,必须从管理体制的改革入手,逐步改变我国城镇生活垃圾处理体制和政策滞后于社会经济发展的现状。

6.6.1　政策框架

(1) 遵循市场经济原则,体现价值规律,实现减量排放和资源利用

这既是思想观念的转变,也是工作方法的转变。长期以来,由于我国城镇垃圾处理作为公益事业,从设施的投资建设到运行管理以及运行费用,由政府统管包办,体制和机制上的弊端大大制约了城镇垃圾处理的发展。必须改革管理体制和运行机制,对垃圾处理项目建设与运营管理要按照企业化、市场化的模式运作,才能推动产业化发展。

(2) 在企业化、市场化、产业化运作过程中,要明确有关的责任主体

治理垃圾的责任主体是企业,这里所说的企业是广义的,包括产生并排放垃圾的企业和个人,也包括处理垃圾的企业,这些责任主体之间的关系是经济关系。监管的主体是政府。因为垃圾的排放与处理关系到社会公共利益,没有谁会像政府那样关心社会公共利益,政府必须进行调控和监管。

(3) 当前的重点是全面推行城镇垃圾收费制度

排放垃圾收费制度是实行产业化的基本条件,体现市场经济的价值规律,也是排放单位和个人的历史责任。我国处于从计划经济向市场经济过渡阶段,主要采用收费方式。

垃圾排放者应当承担相应的责任,这就体现了市场经济原则。不要认为收费是增加谁的负担,观念应该转变。交费是承担责任的行为,承担你对社会的责任,承担环境保护的责任,承担生态保护和建设的责任。付费和收费是同一件事的两个不同主体的分别表述。我们传统上用"收费"的概念,按照国际通行的准

确提法应该叫"排污者付费"。要从这个观点出发去研究我们的工作。只要污染者付了费，承担了责任，他就会去追究收费者的责任，监督收费者用好这笔钱。付费者与收费者之间形成一种经济关系，运行效率才会提高，才能从根本上推动产业化的进程。

（4）努力构建城镇垃圾处理产业体系

垃圾处理，涉及设施建设、运营管理、技术开发、设备生产和资源再生利用等诸多方面，应形成完整的产业体系。也就是形成垃圾设施建设、运行管理体系，技术与设备维修服务体系，综合利用体系。围绕垃圾处理产业化，实现服务社会化，形成一个相互连接的产业链，构成完整的垃圾、污水处理产业。通过市场实现资源的优化配置，促进科技进步，提高垃圾处理的整体水平和效率。

6.6.2 垃圾处理行业管理政策

（1）建立适合我国国情的城镇生活垃圾管理和资源化综合管理国家机构

没有具有全面协调能力的适合我国国情的城镇生活垃圾管理和资源化综合管理机构，就不能建立完善的城镇生活垃圾综合管理和资源化体系，不可能走向综合治理，不可能从根本上解决城镇生活垃圾的问题。

参考法国的经验，1990年设立的环境能源署，是一个综合的部门，具有协调各相关行业的职能，有权通过制订各种有利的政策措施，对垃圾资源回收利用的各个方面进行综合调控。例如，通过征收填埋税，限制垃圾的直接填埋，并将税收用于补助有利于环境和资源回收的处理方式，从而促进垃圾的资源化、减量化。

结合我国具体情况，在目前条块分割的状况下，垃圾的问题要想从建设部门单纯被动的处理走向结合源头减量和资源利用的综合管理，必须有一个具有宏观调控能力的部门来统一管理，协调建设部门与环保部门、财政部门、内贸部门、供销总社、电力部门等的协作。

（2）我国城镇生活垃圾处理政策思路

"无害化、减量化、资源化"的三化原则的提出和排序，主要是从建设和环卫管理部门在城镇生活垃圾处理工作方面的重点出发考虑的，因为，在环卫部门的实际工作中，主要着眼于产生后的垃圾的收运和无害化处理以及适当的资源化利用。而随着可持续发展概念的提出和为大家所接受，垃圾综合管理观念的逐渐引入，减量化的概念有了更深的内涵和更广阔的外延。减量首先是源头的减量，在还没有变成垃圾时的减量，从可持续发展的角度出发，在无害化处理前应优先考虑源头减量，这必须从更综合的角度和整个社会的利益去考虑。

城镇生活垃圾处理政策要适合我国国情。在城镇生活垃圾处理方面，我国的国情主要体现在两个方面，不仅要看到我国是一个发展中国家，目前，还有大量城镇生活垃圾未经处理露天堆放，应首先提高垃圾处理率的一面；而且还应看到，我国有现成的物资回收系统，居民有良好的卖废品的传统习惯，政府有发动群众的优良传统，这是发达国家原先所没有的。

1）城镇生活垃圾的管理和处理必须坚持环境卫生行业"全面规划、合理布局、依靠群众、清洁城镇、化害为利、造福人民"的工作方针。

2）目前以无害化处理为主，提倡进行分类收集，鼓励废物回收和有机物的生物处理。

3）积极进行分类收集的试点和推广工作，充分发挥群众路线的优势和传统，与物资回收部门密切合作，进行分类回收，促进源头减量和有毒有害垃圾的分类。

4）城镇生活垃圾处理要因地制宜，从实际出发，选择合适的技术路线，走综合处理的道路。

5）城镇生活垃圾的处理要加强科学管理，管理和处理相结合，向综合管理要效益。

6）对进行有机、无机垃圾分类收集和分类处理的城镇进行政策性补贴。

7）对与可持续发展不相容的产品进行征税，由国家专门部门掌握，用于各种补贴，支持与可持续发展相容的垃圾治理项目。

8）对垃圾排放征收处理处置费，由环卫管理部门掌握，用于垃圾处理设施建设还贷、运行费用支出等。

9）对废物回收行业进行有效的扶持，实行税收减免和价格补贴。对回收物资利用企业或回收材料达到一定比例的产品进行价格补贴。

（3）实施的行政、法律手段

1）制定和完善垃圾管理有关法规，对垃圾分类收集、垃圾收费办法、措施，以及垃圾处理技术标准等进行明文规定，用法律来保障执行。

2）加强行政执法力度，通过有力的措施，对各类垃圾的流向进行有效控制，严惩城镇生活垃圾的乱倾倒现象，加强渣土垃圾、特种垃圾的管理。

3）环保等有关部门加强垃圾处理技术标准的执行，严格控制对垃圾处理设施的验收。

4）通过行政、法律手段，保证垃圾处理收费或税收的实施。

5）完善城市规划法，将城镇环境卫生和城镇生活垃圾处理规划工作纳入城市总体规划，制定处理和治理目标，并确实按照规划执行。

6）加强宣传教育和公众参与，强化公民环境意识。

（4）实施的经济措施

为促进生活垃圾的减量化、回收利用和提高无害化处理率、提高处理标准，必须采取适当的经济政策和措施，配合行政法律措施的实行。

1）通过税收杠杆调节垃圾的源头减量。针对垃圾中日益增多的包装物、塑料袋、一次性消费品进行征税，限制其产出量和比例，促进清洁生产，征得的税收由建设部统一用于支持垃圾处理和回收利用设施的建设，促进垃圾处理率的提高和技术标准的提高。

2）发扬已有的传统，促进废旧物资回收，对废旧物资回收企业和利用回收物资的生产企业或产品实行减免税政策，促进垃圾的减量化和资源化。

3）对生活垃圾中有毒有害废弃物如废电池、日光灯管等采用押金制度，促进回收和统一处置，减少重金属污染。

4）继续国家、地方各种层次的评比检查，并将垃圾处理作为政府业绩的一个重要组成部分，促进各级政府提高管理和投资的力度。

6.6.3 实行城镇垃圾处理收费制度，保障城镇垃圾处理良性循环

推行和完善城镇垃圾处理收费制度，其目的有二：一是补偿投资和运营成本，实现建设和运行的良性循环发展；二是体现"污染者付费"的原则，确立"环境消费"的意识，使企业、单位和广大居民对环境保护履行应尽的义务。同时，有利于从源头上进行减量，减少污染排放，有利于推行循环经济，促进城镇的可持续发展。

垃圾收费的难点是缺乏有效的手段。从全国范围来看，大部分地区收费率低，有些还不足 10%。从垃圾处理费的性质看，应当属于经营服务性收费，理应由服务者直接向排污者来收取。但我国现有住房状况和垃圾收运方式，难以明确事实上的排污者个体，使直接的交换关系无法实现。这就需要政府部门承担"代理人"的责任，通过行政机制，带有一定强制性地向居民收费。这在国外也是一个比较难解决的问题。在美国许多城镇推行的由

每户居民申领一只垃圾桶，根据每户产生垃圾量的多少来确定垃圾桶的容量，每一只垃圾桶由居民自己装满放在指定的地方，按桶计费，没有付钱的就拒收。马英九为了竞选台北市的市长，也在动采取垃圾收费这个脑筋，承诺下一届他若继续当市长，将把环境搞得更好，以此来与其他的竞选者相抗衡，他所采取的就是类似于垃圾量与收费直接挂钩的方法，从目前运行的情况来看，超过了原来的预想效果，一次就有68%的人直接纳入到收费系统。当然，我们国内也还有不少好的经验。但有人认为，国外有些国家没有收费制度。情况确实是这样的，在许多高福利的国家没有什么垃圾处理收费一说。但是，这些高福利国家的这种政策是不适合发展中国家的，而且他们现在经济效益日趋低下已进入了死胡同而不能自拔。我们要认识到，高福利国家的那一套政策，实践证明是行不通的。对一些不利于推行垃圾收费制度的言论，我们要按理据理据法进行解释，把思想统一到通过垃圾收费来实现垃圾产业化和城镇生态环境、人居环境的改善上来。所以，应当鼓励供水、污水和垃圾处理费统一征收，或由有关单位和部门代缴代扣。总之，城镇政府必须开拓思路，采取有效措施，确保垃圾处理费足额征收。

6.6.4　垃圾资源化

解决城镇垃圾问题的指导思想应当是将垃圾当成资源来看待，要改变过去把垃圾作为废弃物来处理的观念。排放垃圾作为经济运行中的一个重要环节，首先要立足于减少产生量，对已经产生的垃圾，也要千方百计作为资源加以利用。过去，我们提出实现垃圾处理无害化、减量化、资源化，现在应该把资源化放在首要位置。垃圾资源化应从源头抓起，从充分利用资源出发，分类收集、分类处理。垃圾的处理与利用也要有一个认识上的转变。当然处理方式上要采用新技术，否则谁都不愿意把垃圾厂建在小区里。所以，要改变垃圾处理的指导思想，把资源化放在第一位。

（1）垃圾资源化的潜力很大

根据发达国家的经验，垃圾中的金属、玻璃、塑料、纸张要尽可能回收利用，垃圾中的有机成分可以制成有机肥，填埋气体和可燃烧部分可以用来发电，而不仅仅是被动地进行处理。

（2）垃圾资源化的必要政策支持

1）垃圾的分类收集。垃圾分类收集是实现垃圾资源化的前提。如果没有分类收集垃圾，垃圾只能进行综合处理。而目前我国垃圾分类收集现状表明，垃圾分类收集更多的是运行模式方面的问题。为此，需要出台针对垃圾分类收集的相关政策、标准，以鼓励和吸引消费者（污染者）、政府、企业的共同参与。

2）营造垃圾资源化市场建设。实现垃圾资源化的重要环节是资源化市场的建立和完善。如果没有利用或再利用垃圾的产业发展，那么，分类收集的垃圾最终还是需要综合处理来实现减量化。政府应该在垃圾资源化过程中，对以废物为原料的产业进行扶持，如税收减免，财政补贴等方式。

3）垃圾资源化需要提高公众意识。这里说的公众意识包含两方面的含义。一方面是，社会公众应该积极配合垃圾分类收集，即从垃圾源头上为资源化提供方便。在发达国家，如果没有分类收集的垃圾，将会征收高额的垃圾处理费（相当于包含了再分类的费用）。另一方面，也需要提高公众意识，消费再生利用的，或者以循环利用的垃圾为原料的产品。

6.6.5 促进小城镇垃圾处理行业发展的政策探讨

（1）大力开展垃圾处理教育工作

发展垃圾处理行业教育工作，搞好从业人员培训，是培养城镇垃圾处理必需的专业技术人才乃至提高全行业素质的战略性工作。尽管过去十余年中，垃圾处理专业教育工作有很大发展，从事垃圾处理职工的文化素质、业务水平已有了大幅度的提高，但就整体看，与其他行业作横向比较，则仍然比较落后，必须继续努力，促使垃圾处理教育工作再上层次，上水平。

城镇生活垃圾收集、运输与处理，是一项系统工作，不仅涉及许多部门，更重要的是涉及每一个人，人们只要在地球上生活一天，就免不了要排放垃圾与粪便，因而人的环境意识的提高对这项系统工程也带来极大的影响，公众对环保和废物分类回收的态度是衡量一个国家公共环境意识的尺度，国外发达国家在提高公众的环境意识，加强分类收集及垃圾收费等方面都作了大量的工作，形成了良性循环体系。为此，我国在推行垃圾处理产业化的同时，必须动员社会各方面的力量，如报纸、广播、电视等单位和文教卫生部门应把普及环卫知识列入宣传、教育计划，作为一项经常性任务组织实施，教育部门应按大、中、小学不同层次开设不同内容的环卫教育课程与讲座。对不同层次、不同年龄的全体公众进行广泛的环境意识及社会可持续发展理论的普及教育，以及"人民国家、人民城镇人民建"的爱国主义教育，使公众的环境意识在现有的基础上产生一个质的飞跃，这将会使我国的环境质量上一个新台阶。也是垃圾处理产业化的必要条件。

（2）加快城镇垃圾处理设施建设，促进产业化

1）提高垃圾处理水平

根据《建设事业"十五"计划纲要》和《"十五"城镇化发展重点专项规划》，"十五"期间，我国垃圾无害化日处理能力15万吨。2005年，城镇生活垃圾无害化处理率要达到65%。要完成这些目标，任务相当艰巨。加强城镇垃圾污染综合治理是各级城镇政府的重要职责。污染治理是否取得成效，要作为衡量政府工作业绩的重要内容。城镇污水和垃圾处理可以通过市场化来推进，但需要在政府的调控和组织之下的完成。

城镇垃圾处理厂（场）的建设，须严格执行国家和有关部门颁发的技术标准，防止对环境造成二次污染。要提高垃圾填埋的无害化水平，切实解决渗透液处理的技术问题，鼓励有条件的地

区将渗透液接到污水处理厂合并处理。新建的垃圾焚烧厂必须严格把关，防止添加大量燃料的小火电项目借机上马，这是当前遇到的新问题。已建或在建垃圾处理设施的城镇，应该尽快实施垃圾分类收集、分类处理。鼓励有条件的地方建立垃圾综合处理厂，按垃圾分类进行处理和利用，提高垃圾资源化水平。

2）进一步深化改革，加快城镇垃圾处理市场化进程

改革是我们任何事业自我完善和发展的根本途径与动力。改革的根本目的，就是要使生产关系适应生产力的发展。我们要克服旧的体制性障碍，深化改革，坚持体制创新，按照市场经济规律，加快城镇垃圾处理市场化进程。要实现"十五"计划目标，使城镇环境基础设施建设适应城镇和经济发展的需要，需要大量的资金投入，完全依靠政府的投入是远远不够的。必须打破垄断，放开投资市场，引导并鼓励各类社会资本和境外资本参与城镇垃圾处理设施建设和营运，逐步建立起与市场经济体制相适应的投融资及营运管理体制，实现投资主体多元化、营运主体企业化、运行管理市场化。

新建城镇垃圾处理厂（场）应创造条件，推向市场。通过招标方式，选择投资、建设、营运主体，鼓励国内外经济实体采用BOT的模式以及合资合作等方式进行投资建设。同时，各级政府要继续加大对城镇垃圾处理设施的建设资金投入，特别是要加快垃圾收运系统的建设，扩展服务范围，发挥现有垃圾处理厂应有的效益。

要积极探索符合市场经济规律的运营管理模式，组建"作业服务型"和"生产经营型"的经济实体，实行企业化管理。原有从事污水和垃圾处理运营和环卫作业的事业单位，要在清产核资、明晰产权的基础上改制为企业，按照现代企业制度运作，使其尽快成为自主经营、自负盈亏、自我约束、自我发展的法人实体和市场主体。积极培育和发展一些合资、合作、外资、民营等多种经济成分的运营和作业企业，经过资格认证后准予进入市

场，参与竞争，逐步建立符合市场经济要求的、多元结构的、规范有序的城镇污水和垃圾处理运营的新体制。

总之，市场化是推进各项事业的一个法宝，我们改革的总趋势，就是要使原来政府管理、事业编制的垄断经营体制，变成产权结构多元化的合格的市场主体，同时放开市场，让所有合格的主体都能够参与竞争，公平竞争上岗，干得不好的退场，让干得更好的进来。这样就迫使原来那些吃大锅饭、抱着铁饭碗、工作效率非常低下、责任心不够和滥竽充数的老机构、老队伍包括一些冒牌货清理出市场，或促使他们改变机制，提高质量和效率，迎接竞争和挑战，除此以外没有更好的办法。这是所有搞得比较好的地区以及国外的经验总结。

（3）转变政府职能，加强市场监管，规范建设和营运行为

要清除行政性壁垒和地区分割障碍，打破垄断，为国内外投资者营造公开、公平、公正的市场竞争环境。实行项目公告和公开招投标制度，严禁暗箱操作。进一步改革相关企业资质的行政审批制度，研究并建立符合 WTO 原则的市场准入和退出机制。完善和推行市政公用行业的职业资格证书制度，建立必要的考核监管体系，提高从业人员素质。

大力培育为城镇垃圾处理服务的中介机构。在产业化项目的招投标、合同谈判以及工艺设备选择、投资成本核算、价格审定等过程中，要委托专门的中介机构提供咨询服务。要改革现有的水质检测体制，建立独立、公正、符合行业特点的产品和服务质量监测体系，对运营企业的垃圾处理质量进行规范的监测，为政府的市场监管提供必要的依据和手段。改革目前的水质监测隶属于企业的现状，可以采取不同的办法：一是分离，独立成立一个企业；二是由行业协会来组织一个水质监测机构；三是由事业单位构成。由比较独立的水质监测机构来监测和公布水质、污水处理的有关数据，有利于政府主管部门加强对全社会污染的监控。

第7章 政 策 实 施

7.1 政 策 实 施 的 方 法

随着市场经济体制改革的深入，我国水业及垃圾处理行业的政策体系逐渐建立和完善。同时，水业及垃圾处理行业也形成了符合自身发展的政策实施的方法。

7.1.1 政策发布

政策发布是政策实施的重要环节。按照不同地区、不同行业、不同类型的政策有着不尽相同的政策发布方法。

（1）国家政策的发布

国家政策一般以国务院及相关部委的名义颁发的文件或规章。主要有以下几种发布方式：

1）按照政策所涉及的领域，有的文件以某个部委的文件形式向该部委下属单位发布。通过自身的行政系统实施该文件。如《城市供水水质管理规定》以建设部第67号令的形式颁布。

2）按照政策所涉及的领域，有的文件以多个部委联合发文的形式向其下属单位发布。通过各自的行政系统实施该文件。一般情况下，在政策实施过程中，根据该政策牵头部委的下属行政主管部门牵头在地方实施该政策。如《城市污水处理及污染防治技术政策》以建设部、国家环境保护总局、科技部联合发文的形式发布。

3）关系国计民生或经济发展的战略性的重大国家政策，一般以国务院、人大、中央委员会文件的形式发布，如《国务院关于环境保护若干问题的决定》。根据政策所在行业主管部门的建议，或者多个相关部委的建议，国务院转发所属相关部委政策文件，如《国务院办公厅转发国家环保局、建设部关于进一步加强城市环境综合整治工作若干意见的通知》。

除上述正式文件形式发布政策以外，国家领导人或相关部委在会议论坛的讲话、报告也是国家政策发布的重要方法。

（2）地方政策的发布

地方政策一般以政府、地方行业主管部门的形式发布的文件或规章。一方面地方政府要根据自身发展的需要，结合国家相关政策，制定本地区的发展规划和政策体系；同时也要根据国家政策或规章，制定适合本地区发展的政策实施方案。此外，地方政府的领导或相关行业的主管在会议或论坛的讲话、报告也是地方政策发布的有效手段。

7.1.2　公众参与政策实施的方式和程序

在政策的实施过程中，公众参与是确保政策顺利实施的根本途径。公众参与政策实施的方式和程序有多种多样。除立法机关代表制度外，民意调查制度，信息公开制度，听证会制度，院外游说制度，协商谈判制度，公民请愿和公民投票制度都是实现政策制定的民主化与科学化的基本制度。

（1）民意调查在政策实施中的作用

建立民意调查制度是实现人民民主的需要，也是加强政府服务和政策实施的需要。有的国家法律规定，政府的重大政策出台前都要进行民意调查。民意调查，一方面可以保证政策符合民意；另一方面也可以宣传政府的政策，获取国民的理解和支持，掌握民众对政府服务的满意程度。民意调查为政府的政策制定奠定了良好的民意基础。

（2）信息公开与新闻媒体对政策实施过程的介入

信息公开制度包括允许公众旁听会议制度，议会辩论日志出版制度，议会活动全程实况转播制度，议会网站制度等。

在加拿大，有线公共事务频道是由有线电视行业出资成立的非营利性公共服务机构。加拿大议会网站上有几千个议会文件，有议员情况介绍，议员电子信箱，议员在辩论中的发言全文等。

美国全国有线电视网用两个频道每周 7 天每天 24 小时对国会活动现场直播。对所直播的内容，没有编辑和间断，均以公正无偏见的态度整体报道。

以色列议会是中东地区透明度最高的议会。以色列议会基本法第 27 条规定，除非本法有规定，议会的活动均应向公众和媒体公开。第 28 条规定，除非是议长认为会危害国家安全，在议会公开会议中所进行的程序和发表的言论，其公开出版不得禁止。

英国议会除了允许传媒对议会报道外，还实行文件公开制度。平民院的各类文件一律向公众公开。其中包括平民院法案，平民院材料，贵族院材料，奉旨呈文。

（3）举行公开听证会是政策实施过程的重要环节

听证在立法机关的政策实施过程中发挥着重要的作用。在当代法治国家，法律基本上是公开听证会的产物。许多国家的立法程序规则规定，立法必须经过听证程序。

（4）公民请愿与公民投票对政策决定的影响

在有些国家，社会的许多政策，都需要公民通过积极请愿制度和投票制度来表达。对于公民依法提出的请愿，有关国家机关必须受理。而且在许多重大政策问题上，公民请愿达到一定人数时，就须依法进行公民投票。通过请愿活动和公民投票程序，公民和大众可以越来越广泛地直陈意愿，参与国事和政策制定。

在德国，1991 年 5 月 23 日，德国基本法的宪法修正案第 17 条规定，任何人都有权利以个人或同其他人共同的方式向管辖机关及议会提出请愿、陈述苦情，并享有要求附有理由的回答的权利。

日本地方自治法进一步将请愿权同地方住民投票制度相结合。日本地方自治制度的特征之一是地方公共团体的住民对于条例的制定改废、事务监察、议会解散、议员和首长解职等事项享有直接请求权和公民投票权，在间接民主制中大量引入直接民主制要素。

瑞士公民投票制度在重大政策制定过程中得到越来越广泛的推广。由于瑞士是实行直接民主制措施较为彻底的国家，有关州和其他地方的请愿事项在传统的"公民大会"上就可以提出并根据有关法律得到相应的处理。请愿人数达到法定要求时可在"公民大会"上直接进行表决。

公众参与政策实施有利于加强政策合法化，减少官僚主义和政策腐败现象；也有利于改善经济增长的质量，改善贫困人口的生活水平。利用不法政策和政策漏洞的腐败行为会引起巨大的社会代价。

在政策实施过程以外，行政督察专员制度和违宪司法审查制度是及时发现和纠正政策弊端，确保企业和公民权利的重要制度。

7.2　政府对行业监管

介绍市场经济条件下政府对市场的监管手段，并阐述政府在完善行业监管体系的主要措施。

7.2.1　市场化进程中政府角色

长期以来，政府一直是水业及垃圾处理行业建设、管理与服务的主角。计划体制下，作为城镇公用事业的一部分，城镇水业及垃圾处理的行业管理是通过政府对企业的人、财、物的直接管理来实现的。市场化以后政府职能"由企业管理转为行业管理"，原来行业主管部门所管理的人员和资产，要么划归国有资产管理部门，要么转让给社会企业主体，政府的城镇管理和行业管理正经历一次大的转变，目前，存在两个方面的认识错位：

（1）在目标的认识上，水业及垃圾处理行业市场化不是一般意义上的招商引资，而是对投资、建设、运营、服务等水业及垃圾处理行业全过程的监管责任。市场化是水业及垃圾处理行业改革的手段，其根本目标在于实现公众利益和社会利益，简单讲是通过市场化手段来提高水业的运行效率，让公众在少量支付下得到优质的产品和服务，同时满足环境保护的要求。许多城镇政府把引入资金当作市场化的首要或惟一目的，其定位偏离了改革的根本目标。政府行业管理不仅需要关注项目的投资和建设这一阶段目标，更应该关注于稳定安全和高效率的运营。水业及垃圾处理行业市场化的开放不仅局限于投资市场，更应包括高效成熟的运营商的引入。对地方政府而言，市场化非但不是城镇政府甩掉了投资的包袱，而是背上更加严格监管的责任。

（2）在政府定位上，政府应该成为公众利益的代表，而不是资产的代表。市场化进程中，政府角色正进行职能的分离，分离为资产管理与行业管理。资产管理是负责管理原来由政府投资在城镇水业的国有资产和经营资产的人员；行业管理则是代表公众利益进行行业监管。这里存在政府角色双重性的矛盾，国有资产管理部门期望资产的保值增值，以对地方的经济指数做出贡献；而行业监管则期望公众以最低的价格获得最好的产品和服务。

7.2.2 城镇政府对水业监管存在的问题

（1）城镇水业及垃圾处理行业的成本与收益，无论是通过税收支付还是通过水费、污水处理费、垃圾处理费支付，事实上都是公众支付的。但是，受相对垄断的经营方式制约，作为费用支付方的消费者无法通过竞争性选择，来监管产品质量与服务，更无法有效控制成本与收益；对污水处理的付费实际上更是一种连产品都不能见到的消费支付。水业的这种公众无力有效监管的产业形式，决定了政府作为公众代表，肩负着重大的监管责任，政府需要对公众支付费用的有效性负责。

（2）政府的行业监管是水业及垃圾处理行业市场化的重要组成部分。原来单一国家投资体制下国营单位（多为事业单位）由于没有强烈的利益倾向，行业监管的重要性未充分显现。但是产权多元化后，行业监管显得十分重要，市场化程度越高，监管责任就越大。市场化需要以科学而严格的监管来化解企业无限制的利益追求。对水业及垃圾处理行业发展而言，没有严格监管的市场化比传统计划体制更加有害。其原因：一是，由于计划时代的管理惯性，出身于建设领域的城镇水业主管部门，更多地关注水业及垃圾处理行业设施建设的投资、质量和验收，延续原来对直属事业单位的管理思路，普遍忽略了对新的市场化投资主体的运营过程的监管；二是，我国水业也确实缺乏对市场化投资和运营主体进行监管的明确的法律依据和手段。

7.2.3　科学的行业监管体系

市场化下的政府行业监管将包括水业项目规划的制定、行业竞争规则的制定以及水质、服务、成本和价格的监管。具体建议如下：

（1）明确和完善监管的实施主体

明确、细分和加强与城镇水业相关的各政府部门的行业监管的职责和内容，界定其在水业市场化中的责、权、利关系。鉴于水业成本、服务、水质、水价监管的专业性和重要性，建议学习国际经验，成立由监管政府部门任命的、具有无限责任的、由专家组成的独立执行机构，作为法定监管机构的辅助。从行业的高度，专业性介入企业的成本考核、水价听证、服务监督等核心监管内容，代表公众利益实施成本、服务、水价的监管。

（2）建立行业管理法律保障和政策支持

通过各级立法为行业监管的建立提供系统的法律保障；要求

和鼓励地方城镇出台可操作性强的、符合地方经济社会特点的政策体系。

（3）建立完善特许经营制度和支撑体系

特许经营是行业监管的重要手段，应建立完善的相应制度，并配套相应的规范性条例文本，标准化合同文本。健全水业的技术标准、管理规范和服务规范，使其成为行业监管的重要依据和标尺。

（4）建立科学的水业绩效评价平台

成本控制是城镇水业行业监管的重点和难点，是消费者关注的核心，也是投资运营企业合理利润的源泉。鉴于城镇水业相对垄断经营的行业特征，借鉴国际水业行业监管的经验，建议由国家组织力量建立全国性的水业绩效评价平台并向社会公开，为各级监管部门的成本监管提供相对依据。

7.2.4　监督的手段——放松规制政策与改革审批制度

在经济全球化和规则国际化的过程中，放松规制政策与改革审批制度已经成为各国政府在水业及垃圾处理基础设施领域转变政府职能促进经济社会发展的核心任务。我国各级政府在加入世贸之际开始的行政审批制度改革运动实际上构成全球放松规制政策运动的重要组成部分。

（1）审批制度是政府规制的重要手段

作为政府规制的重要手段，在水业及垃圾处理基础设施领域的审批制度必然随着政府行为模式向非规制型转变而减少。但是，即使是非规制型政府，规制政策的制定依然是政府的一项重要职能。作为政府规制的重要手段，审批制度不可能完全取消。

如何进行审批制度改革，首先需要对政府制定规制政策的职能及规制手段有清楚的认识。

1）政府规制的客体是个人和水业及垃圾处理基础设施企业。

2）政府规制的目的是实现公共利益。规制政策的制定需要经过严格的程序和各方面的广泛参与。在规制政策的制定和实施过程中的各个阶段，利害关系人以多种形式参与进来。

（2）政府规制的方法和手段

政府规制的方法和手段有多种多样，需要根据不同情况进行采用。有禁止、许可、认可、决定、指导等。从规制方法和手段来看，规制可以分为三大类型：

1）处理申请类规制。此类规制主要涉及根据一定的标准对公民和企业的申请进行行政处理的事项。

2）行政处分与监督类规制。此类规制主要涉及行政机关为确保履行行政义务而进行行政处分和行政监督的事项。

3）确定义务类规制。此类规制主要涉及对行政相对人加以作为或不作为义务的事项。

上述三类规制的核心内容归结起来就是行政审批制度。改革审批制度就是要通过具体确定在特定事项上的不规制和适度规制来确保宪法和法律所规定的公民基本权利的实现。审批制度作为规制手段，其改革的基本方向是大力促进放松经济性和社会性规制，同时对某些需要加强的规制空白领域和薄弱领域进行规制强化的调整。

（3）审批制度改革应当纳入规制改革的总体框架

审批制度作为规制手段必须服务于规制职能调整的需求。改革审批制度的目的是促进政府规制职能的转变和保障企业和公民基本权利的实现。改革审批制度需要明确政府规制改革的总体框架。

我国政府经济性规制和社会性规制泛滥的现象主要表现为本不需要审批的事项，政府偏偏要进行审批；在特定事项上，本不应有审批权的机构偏偏要行使审批权。因此，改革审批制度首先要取消不必要的审批。我国现行行政体制模式仍然属于典型的规制型模式，也即事先审批型模式。审批制度改革的基本思路应当是推进行政体制向非规制型模式，也即向事后检查型模式转变。

在这一方面，1998 年国务院机构改革在政府职能转变方面做了一些调整，但规制改革还没有得到足够的重视，且改革力度还不大。

我国中央政府从改革审批制度入手，对中央和地方政府的规制进行全面清理。但是，如何对经济性规制和社会性规制分门别类地进行改革，需要制定规制改革总体方案。

7.3 社会参与和监督

概述社会参与的作用，提出监督的主要方式——听证。介绍科学的听证制度。

7.3.1 公众参与的原因

法律上保证公众对环境保护和市政设施服务享有知情权，如水质、可靠性和环境影响等。只有让公众真正了解环境问题的重要性和紧迫性，才能使他们有较高的环保意识和要求，以社区组织形式参与。比如，政府希望公众把垃圾分类当成自觉行为，就必须让其知道垃圾的确是分类处理的以及分类处理的重要性，否则公众不会严格遵守垃圾分类收集的规定。公众代表可以旁听政府听证会，有发言权但没有决策权，公众还可以直接去向政府投诉对市政实施服务的不满意。

小城镇作为我国基层经济、政治单位，在我国的经济和政治的发展中起着重要作用，把小城镇作为一个整体，研究它的民众政治参与状况有着现实的重要性和可能性。小城镇作为城乡之间的连接点，起着聚集城镇先进生产力和农村资源的功能，它对于突破城乡分割的二元结构，逐步实现城乡一体化区域发展格局起着极为重要的作用。小城镇的发展过程实际上是一定区域内各种资源和要素受效益推动向农村一定空间相对集中，合理配置的过程。在这个过程中，构成小城镇的乡村社区和街道社区在经济上形成密切的互补关系。同时全镇范围内密切的利益关系使民众为追求利益而诉诸政治行为的范围必然扩展到整个小城镇。

7.3.2 公众参与的作用

一旦公众意识到环境问题与个人的关系是如此息息相关，公众大多都会积极地参与到环境保护的队伍中，环保意识逐渐加强，对环境的要求也会越来越高。这使得企业（供水公司、污水管道公司和处理公司以及垃圾收集和处理公司等）必须达到比国家环境保护政策和法规要求更严格的标准，才能立足市场，满足公众对环境和健康的要求。公众参与能起到监督企业在生产中时刻注意保护环境的作用。

发达国家的经验证明，做好宣传教育工作可大幅度提高公众的环境意识，是社会进步的一种表现。只有公众环境意识的增强与进步才能实现公共环保和废物分类回收。然而公共环保与废物分类回收又是衡量一国家公众环境意识的主要尺度。发达国家已经在提高公众的环境意识，加强分类收集方面作了大量的工作，因而公众保护环境卫生的自觉性很高，自觉遵守公共卫生，有效地在垃圾源头回收大量工业原料，减少垃圾产出量，不仅回收了资源而且也减少了垃圾的运输费和处理费，对公共场所及街路的保洁与清扫工作也减轻了许多负担。

公众的环境意识的另一个表现是垃圾收费制度，不同的国家有不同的收费体制，有的国家垃圾的处理及街道的清扫，垃圾的运输委托私营企业承担，垃圾的产生者按规定自觉负担垃圾的收集，运输及处理费用，也有的国家由政府投资运行，再通过税收或直接收费的方式向居民收取垃圾处理费，甚至有的国家按垃圾计量收费，这样也有效地减少了垃圾产出量。

对于我国，有 12 亿人口的大国，做好公众的环境意识教育是十分重要的工作，公众环境意识的进步与提高，将会对城镇生活垃圾的产业化有直接的影响。垃圾处理产业的发展，必须得到广大公众的支持，产业的发展决不能依赖政府的微量投入去维持，而应该引进价值观念，建立多元化投资体系，除了国家和地方政府在加强城镇建设的投入外，也应本着"责任分担，利益共享"的原则，"垃圾产生者对垃圾处理承担责任"的原则，建立垃圾收费制度。要利用经济手段和市场机制促进市容环卫行业可持续发展。公众的环境意识的提高对垃圾处理产业的发展起积极的推动作用。

7.3.3 听证制度

立法听证是发扬民主，确保立法符合民意及保障公众参与权的重要途径。我国第九届全国人大第三次会议通过的《立法法》已经对列入常务委员会会议议程的法律案以及行政法规草案的审议活动作出可以召开听证会的原则性规定。但是，法律案的立法听证应当根据什么规则以及按照何种程序举行等问题至今还没有具体规范可循。通过对不同国家立法听证程序作比较研究，探讨立法听证程序的一般原则和基本步骤，有利于为完善我国立法听证程序提供参考意见。

（1）立法听证的意义和范围

听证程序是政策制定的民主化科学化的要求，是法治国家立法机关的政策制定过程中的必备程序。作为政策制定主体的立法机关的立法行为必须受到听证程序的制约。听证在立法机关的政策制定过程中发挥着重要的作用。

根据发达国家的经验，并非所有的政策都要经过听证，听证会的召开可以分为两种：法定听证和决议听证。所谓法定听证是指如果提出听证的人数达到法定人数要求时或者法律对某些议案有明确的听证要求时，议会有关委员会必须举行听证。所谓决议听证是指议会有关委员会对某些政策有权通过决议方式来决定是否需要举行听证。

在我国，哪些政策必须经过听证，哪些不需要经过听证，

《立法法》未作具体规定。按照该法第 34 条和第 58 条的有关规定我国只有决议听证，尚无法定听证。无论是关于法律案的规定，还是关于行政法规起草活动的规定，听证会只是听取意见的一种形式。有关机关在立法活动中，为听取意见，可以采取听证会形式，也可以不采取听证会形式，而采取其他座谈会，论证会等形式。

（2）听证准备

听证委员会的组成通常是有关的议会委员会人员。在我国深圳，听证组织由市人大专门委员会（如计划预算委员会）半数以上的组成人员组成，专门委员会的主任委员或副主任委员担任听证会主持人。组成人员与听证事项有直接利害关系的，应当回避。

在听证准备阶段，听证制度涉及的内容包括：

1）决定是否举行听证会

这个问题主要涉及决议性听证。对于法定性听证，议会的有关机构有义务按照有关法律规定举行听证会。对于涉及国家安全等问题而不宜公开举行的听证会，议会有关机构有权讨论决定听证会是否公开举行。在决议性听证会方面，是否需要举行听证会的决议权的行使程序通常在不同国家有不同规定。

2）发布听证公告和通知

公告和通知程序是听证公开原则所要求的必要程序，也是保障听证人权利和做好听证准备工作所不可缺少的程序。公告和通知程序涉及发布听证公告和通知的期限，方式和内容等问题。

发布听证公告和通知的方式有多种多样，包括议会法定刊物，报纸，广播，电视，因特网等。在加拿大，议会在因特网出现以前，一般以会刊及媒体和广告的的形式发布听政公告。在因特网出现以后，议会委员会还通过因特网等形式公告举行听证的时间、地点、方式和内容。

3）选择和邀请证人

选择证人是听证准备中最重要的事项之一，涉及谁出庭作证、证人出庭的顺序等问题。在公开听证会召开前，议会委员会可以采取不同的形式决定证人范围。

在深圳，参加听证会的证人名单由市人大的专门委员会确定。他们分别是与听证事项有利害关系的证人，与听证事项有关的各单位的证人及专家证人。根据该市人大的听证规则，举行听证的机构应当于召开听证会的前一周发布公告。公民提前一日向人大有关部门提出申请，经确定后即可旁听听证会，10 名旁听者可推举一名公述人发表意见。

4）收集证言与准备材料

收集证言和准备资料的工作通常由议会委员会的工作人员和议会研究机构及工作机构进行。在听证会举行前的证言收集包括书面证言收集。在听证会举行前，未被邀请参加听证的公众可以书面形式向有关委员会提出证言。有关委员会根据多方听取意见的原则，尽可能多地收集来自不同阶层和利益集团的意见。

5）决定证人作证的形式及顺序

各国议会关于证人作证的形式及顺序的规定通常由有关委员会来决定。归结起来，一般有以下几种形式：

一是轮流传唤式；

二是分组作证式；

三是公述人作证形式；

四是专家会议形式。

在我国各级议会立法听证程序中，有必要引入不同党派代表的比例制度。不仅议会委员会的组织构成中要考虑党派比例因素，而且在会议议程安排方面及听证顺序等方面都应当推进党派比例制度的发展。

（3）听证进行

听证进行阶段的活动内容主要涉及以下问题：

1）公开原则与秘密听证

在法治化程度较高的国家，立法听证会一般都公开举行。除涉及国家机密、商业秘密或个人隐私以外的听证活动应公开进行。听证会会场设旁听席，会议期间有专门的电视频道直播听证会实况。只有在极少数情况下，经议会委员会同意，方可举行秘密听证。

2）主持听证与法定人数

议会委员会举行的听证会一般由委员会负责人来主持。在我国深圳，人大有关委员会的主任委员或副主任委员担任听证会主持人。在美国，联邦参议院和众议院的听证会均由议员来主持。议会小组委员会的工作人员不主持听证会。

听证会开始时，一般由听证主持人来做开场陈述。开场陈述的内容包括明确听证会的目的，说明委员会所关注的利益，简要介绍有关问题等。在开场陈述后，主持人通常根据事先规定的顺序与形式介绍证人。美国众议院规则授权议长或由议长指定的任何议员主持证人宣誓。事实上，大多数委员会很少要求宣誓作证，在调查听证中或在处理敏感事件的听证中，证人宣誓相当普遍。

3）听证时间与证人作证

听证会的会议次数，会议时间，询问时间等取决于听证事项的重要性和复杂程度。

证人一般要按规定形式口头作证。口头证言通常是对事先提交的书面证言的简要概括。实际上在许多国家，议会委员会的听证时间一般由听证主持人来具体控制。关于听证时间限制问题，原则上讲，应当对证人作证时间及询问时间等提出具体要求。这样做有利于确保听证活动的公正性。

4）询问与回答

在听证过程中，询问权的享有主体主要是议会委员会委员。具体说来，主要有两种情况：

一是听证组织成员的询问；

二是非听证组织成员的询问。

听证会的过程一般要有全程录像录音，并有专人笔录听证要点，听证笔录最后经证人核对并签名。听证后，工作人员要准备证言概要，发送给委员会委员和媒体。证言概要必须作为听证材料的一部分与其他材料一起出版。

第8章　荷兰政府对水业及垃圾处理行业的监管

8.1　供　水　行　业

介绍荷兰供水行业的监管体系、对服务水平的要求、以及行业自律。

8.1.1　监管体系框架

（1）机构职能

在荷兰的供水行业，政府的重要职能是协调和监管，并制定相关政策，如控制地下水的使用、征收地下水税等。荷兰政府主要负责全国范围内的主要水体管理，地下水由各个省负责，而地表水由水协会负责。省政府和水协会授权水公司从地下水和地表水水体中取水，大型的需水用户经省政府许可后，可以直接从地下水中取水。具体的管理工作由行业协会来完成。

荷兰的水行业协会代表荷兰的供水行业，它负责制定行业的规则和制度，并负责管理整个供水行业。它的一项重要工作就是做供水的同行比较分析，并将比较情况及时向公众公开，采用的是完全透明化管理。

（2）监管程序

供水公司的监管体系框架如图8-1所示。由于供水公司的股东是政府，它代表了公众的利益，这就决定了供水公司不是以盈利为目的。目前，荷兰有15家供水公司是公有企业私营化管理，

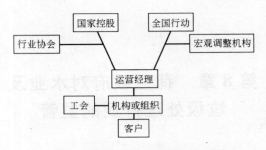

图 8-1 供水的监管体系框架图

按市场化原则运作，但公司的股份则为地方和省政府拥有，或者少数情况下，由中央政府代表机构所拥有。根据荷兰法律，供水公司的股票不能在市场上进行交易。

供水公司负责建设供水管网并生产、输送优质的自来水给用户，而一些大型用户，如工业企业等，则自行取水、供水以满足其正常运行的需要。政府每年委托专门的水质监测机构 KIWA 公司对供水公司水质进行 1～2 次的采样检测。如果用户对自来水的质量或服务有不满，可以向政府或水行业协会进行投诉和抱怨。监管平台包括：

荷兰供水利益集团（VWN）（促进供水公司与正式或非正式团体间的交流）。

荷兰供水协会（VEWIN）（贯彻荷兰供水法令，促进荷兰供水的健康发展）。

荷兰统计局（建立数据库）。

荷兰企业协会（代表业主）。

省协会（土地利用规划法规）。

KIWA（生产、处理与管理系统的质量认证）。

住房空间规划与环境部（制定标准与政策）。

8.1.2　政府对服务水平的要求

（1）供水水质的要求

　　由于是政府控股，供水公司更多的是追求公共服务功能，公司要向客户提供完善的服务和优质的水，以保证客户的满意度和身体健康的要求。《公共供水法（2000 年版）》规定：公有的供水公司必须连续不断地向用户供应优质的水。供应的水质必须满足《饮用水水质法》中规定的 62 个参数和 47 个欧盟参数要求。对供水进行综合质量监管，实施质量、安全和环境管理系统。由于是直饮水，因而要求对水要进行软化处理。

　　（2）供水水质的保障

　　荷兰最大的供水公司——Vitens 公司利用信息管理系统对供水管道的老化情况进行监控，以便及时维修或更换管道，从而保证良好的供水水质。供水公司每天 24 小时持续不断地监测从水厂各处理流程、输水管道和客户家里采来的水样，保证水质对气味、颜色、味道、硬度和卫生学等方面的要求。水行业协会也会将各供水公司的水质情况向用户公开，以此来保障供水公司的质量。

8.1.3　行业自律

　　（1）同行比较（Benchmarking）

　　政府非常支持并积极引导这种同行比较。水行业协会（VEWIN）每年都通过电子调查表、与各参与水厂的专家进行面谈以及电话调查等方式收集各供水公司的水质、服务、环境影响以及资金和效率这四个方面的数据。数据收集完成后，每个供水公司的数据都要让各参评公司的董事会正式核准。荷兰的各供水公司都希望其优质的服务及水质能获得 ISO 等资格认证，因为公司只有获得了相关资质才能在以后的激烈市场竞争中显出优势。这种同行比较促进了各供水公司不断提高服务水平和质量。

　　以荷兰水行业协会的一份 2000 年的同行比较报告来分析一下比较的内容及效果。参评对象由 15 个地下或地表水公司组成，几乎相当于荷兰整个供水行业的 90%，各公司的比较结果如图 8-2 所示。

	水质指标 最大值为100	服务水平 1~10分	环境影响指标 每立方系数	总成本 欧元/用户	总成本 欧元/m³
Wgron	99.8	7.4	21.6	147	0.90
NUON-WF	98.0	7.5	20.8	196	1.23
WMD	99.9	7.6	13.5	165	1.06
WMO	99.5	7.8	28.8	199	1.27
Hydron-H	99.8	7.5	16.8	180	1.10
Wgeld	99.4	7.8	28.2	193	1.21
NUON-WG	99.8	7.4	16.1	166	1.01
Hydron-MN	98.6	7.6	24.0	152	1.01
GWA	99.8	7.5	25.7	198	1.30
PWN	96.4	7.7	38.3	241	1.59
WBE	86.9	7.6	22.0	228	1.17
DZH	97.8	7.5	23.6	229	1.78
WNWB	99.4	7.6	25.9	197	1.12
WOB	99.6	7.8	24.3	207	1.23
WML	99.7	7.7	25.5	221	1.44
平均值	97.2	7.6	25.0	205	1.28

图 8-2　供水行业的同行比较

同行比较选择的参数有以下 4 个：

1）水质

水质作为一个独立的评估参数，它的建立是基于水法（Water Act）规定的标准以及从供水公司检测的数据。图中所有公司的水质情况都要优于水法中规定的水质标准。

2）服务水平

即供水公司满足用户期望的程度，用户的满意度一般是通过电话调查得来的。用户对供水公司的满意度明显高于其他行业中用户对企业的满意度，有 60% 的供水公司专门为用户考虑，制定了严格的服务标准。荷兰供水公司还要阶段性地评估公司在为用户服务领域所作的成绩。

3）环境影响

作为一个独立评价因素，环境影响指数建立在最实用、最被广为接受和目前最可取的评价法——环境生命周期分析法（简称 m-LCA）之上。以地表水作为原水的供水公司要使用和消耗更多的能量、辅助物质、化学品和过滤物质来净化水，而以地下水作为原水的供水公司要考虑抽水对环境要造成影响。环境领域最重大的挑战就是用可持续的能量去生产和输送饮用水。

4）资金和效率

不同供水公司的水价差别可以用它们的基础成本来解释。成本包括税金、资本成本、折旧成本和运行成本四部分。

（2）同行比较的作用

以上四个比较参数中，最重要的应该是水质。通过 2000 年供水公司同行比较报告对水质情况的分析（如图 8-3），可以看出 2000 年各供水公司的水质不仅好于 1997 年，更明显优于水法（Water Act）的水质规定及水行业协会建议的水质标准。

荷兰的供水公司在二战后有 250 家之多，后来逐渐整合优化，公司数量锐减。目前，荷兰的供水公司仍处在不断重新合并

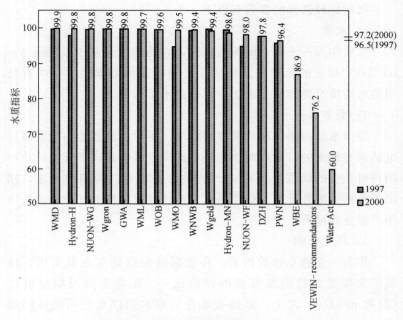

图 8-3　各供水公司的水质评分图
(来源：REWAB 供水公司)

的过程中，公司只有不断提高自己的水平管理才能吸引更多公司的注意并兼并其他的公司。供水行业的自律不是靠制定呆板的条文，而是依靠同行之间的相互竞争和比较来提高供水公司的服务水平。是否能让客户满意，是否能与国家的政策相吻合，是否有稳定的投资回收效益，这些都是供水公司最关心的问题。随着欧盟成员国的增加，法国和德国等国的供水公司规模越来越大，欧盟未来的供水行业发展趋势难以预料，只有做好充分的准备，努力提高服务水平，减少环境污染和降低用户的水价，才能在供水行业占领更大的市场份额，否则，就容易被淘汰出局。充分的动力源于"同行比较"竞争机制。

　　这种行业自行组织，不是政府行为。每年由各水厂联合举办行业评比，这就更有利于提供高质高效的服务。

8.2 排水和污水处理

8.2.1 监管体系框架

水务管理委员会以一种独特的组织管理形式与三级政府平行存在（如图 8-4），荷兰的政府管理分为中央、省以及行政区三级，水务管理委员会则独立于各级政府而自成一体。

（1）机构职能

在污水方面，中央与省政府决定污水政策的大部分内容。国

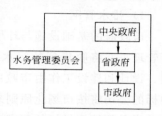

图 8-4　政府监管体系框架

家交通与水务部负责水管理的立法。中央政府发布有关污水的国家政策。省政府有权设立和废除水务管理委员会，确定其从事工作的范围、区域，决定其管理机构组成与人员选举办法。省政府也负责监督水务管理委员会的工作与财政收支情况。除监督水务管理委员会的工作外，省政府还负责制订区域性水政策。

荷兰的环境质量法规定：排水管网是市政府的责任，即市政府负责当地排水管网的建设、维护并收集、输送污水到污水处理厂。市政府还有权合并缺乏污水收集、运输能力的小城镇的排水管网。

水务管理委员会主要负责进行污水处理的管理工作，它与政府无关，该组织的成员是从代表民众、业主和土地所有者中直接选举产生的。它在政治上是属于国家化的非盈利专门管理机构。类似于地方政府，水务管理委员会也具有非集中式的组织形式，它与政府部门的区别就在于各自职能范围不同。政府部门负责一般性的事务，如教育、文化、环境、城市规划等等，是综合性管理组织，而水务管理委员会的任务就是管理辖区内的水，实际上

是专业性管理组织。按荷兰宪法与水权协定规定,水务管理委员会只是分管地方与区域性的水管理工作;中央政府(国家交通与水务部)则负责全国范围的水管理工作。水务管理委员会有权制订居民应该遵守的法则以及水务管理委员会的征税办法,其管理人员属于国家公务员。

(2)监管程序

1)排水管网

市政府的基础设施与环境局负责排水管网的建设、维护和运行管理,并将收集到的污水送到污水处理厂。具体的咨询、规划、设计和建设工作由市政府委托招标公司进行公开的招投标,中标的公司将按市场化原则来运作。欧盟对此有相应的规定,要求政府必须按招投标的程序来选择排水管道公司。环境部代表中央政府对市政府的工作进行监督。荷兰的老城区还存在一些合流制污水系统,但中央政府正逐步取消合流制而要求建分流制系统。对没有能力维护和更新旧管道的小城镇,环境部要求通过提高8%的收费率来改善现状,使其达到环保要求。根据荷兰水污染控制法(1970年)的制污者付费的规定,各级政府在污水方面没有任何补贴,所有费用都由制污者承担。对于大型的排污单位,对其规定了一定的排放标准,按"谁排污谁付费原则"进行收费。排污收费系统的建立对家庭和工业排污起到了一定的控制作用。

2)污水处理

水务管理委员会负责污水处理的管理工作,对排入城镇污水管道的工业废水有标准要求。水务管理委员会有两重性,它既是负责污水处理厂建设的执行部门,也是负责发放排污许可证的监督部门。水务管理委员会既有政府职能又有污水处理厂的运营管理职能,由于水务管理委员会既是管理者又是执行者,这使得它有时候效率低下,且政务不透明。这种模式是欧盟不提倡的。

8.2.2　政府对服务水平的要求

（1）污水厂的出水达标要求

水务管理委员会按排放许可证制度严格控制污水排放，特别是对容易污染河流和土壤的指标。欧盟对一些重要指标的规定如下表（表 8-1）：

欧盟污水处理厂排放标准　　　　　表 8-1

处理程度 指标浓度	一级处理	二级处理	三级处理	四级处理 （2015 年）
TSS（mg/L）	＜20	—	—	＜10
BOD（mg/L）	—	＜20	—	＜10
N（mg/L）	—	—	＜10	＜10
P（mg/L）	—	—	＜1	＜0.1

（2）污水处理程度

政府要求，荷兰的污水处理至少采用二级处理，有些特殊情况下还必须进行三级处理。欧盟规定：到 2015 年，污水处理将要采用四级处理。四级处理后的出水可以直接作为工业的生产用水。

（3）居民投诉

市政府要负责监管排水公司和污水处理公司的运营情况并了解公众的满意度。如果公众对公司提供的服务质量不满意或觉得对水体造成了污染，可以直接向市政府或水务管理委员会投诉，市政府或水务管理委员会将立即将居民投诉直接反映到污水处理厂，要求运营管理者加以改进。

8.2.3　行业自律

（1）同行比较

为提高污水行业的服务质量及水平，水务管理委员会也要在行业内部进行行业比较，并根据运营管理水平（包括排放水质、财务、服务等指标）加以比较排名，每年的排名公开发布，接受公众监督。

（2）同行比较的效果

按照欧盟的规定，水务管理委员会应按大的河水流域来进行分区管理。根据河流数量，荷兰只应该保留 4 个水务管理委员会，但目前荷兰的水务管理委员会有 37 个。在这种发展趋势不明朗，存在被兼并的危机下，各水务管理委员会之间也有激烈的竞争，都希望排名靠前。只有通过提高工作效率、完善服务水平和降低处理成本，才能在同行中立足。

8.3 垃圾处理行业

8.3.1 政府监管体系框架

荷兰的垃圾处理管理能顺利发展的一个重要原因就是中央政府、省政府和当地政府之间的良好合作。三级政府机构都参与到垃圾处理管理理事会（AOO）中，一致通过用合作策略来执行垃圾管理计划并遵守垃圾处理管理理事会的决议，以此保证执行计划和决议的相互信任和责任。这是一种典型的富有成效的荷兰管理方法。如图 8-5 所示。

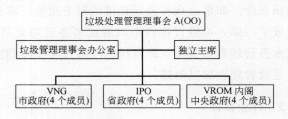

图 8-5 垃圾处理行业的监管体系框架

（1）机构职能

垃圾处理管理理事会是由一个执行实体来支撑的。1990 年，作为一个用来在国家、省及市政府之间，在荷兰的垃圾处理管理政策方面起商议、协调以及相互合作作用的政府平台，垃圾处理管理理事会应运而生，由一个独立主席来领导。理事会有四个从各公众管理层面上选出的代表，他们一年会面几次并讨论议程。

垃圾处理管理理事会办公室在垃圾处理政策的准备、评估和执行过程中要完成秘书处的角色而且也是面向所有相关部门的信息中心。办公室要负责起草国家垃圾处理管理计划；监管并评价垃圾处理政策；提倡垃圾源头控制和分类收集；遵循国家和国际化市场发展要求以及作为一个信息中心。

三级政府机构的作用是向垃圾处理管理理事会就可持续、互相密合及有凝聚力的垃圾处理管理政策提出建议；监管并评估垃圾处理管理政策的执行进展；支持政府制定国家垃圾管理计划并建议临时修正案；帮助当地政府完成家庭垃圾的源头控制和分类收集；管理作为垃圾处理信息中心的执行办公室。

（2）监管程序

垃圾处理管理是一种公共事业，是地方政府的责任，具体管理的部门是政府公共部门。垃圾的收集和处置服务不仅使受服务的人员受益，也使所有市民受益，而且对公共健康和环境影响也很重要。垃圾管理政策要求集中控制垃圾的来源，尽量减少垃圾的产生。对不可避免要产生的垃圾，则需要进行回收利用处理。垃圾经过回收后做成产品是回收再利用的最佳方法；用垃圾作燃料是回收利用的第二选择。对于不能再利用的垃圾，一定要在不污染环境的前提下进行处理。荷兰的垃圾处理监管平台包括：

垃圾管理委员会（AOO）；

国际公共健康与环境研究所（对健康与环境影响进行咨询）；

荷兰统计局（数据库）；

荷兰企业协会（代表业主）；

省协会（土地利用规划法规）；

荷兰卫生与垃圾处置专家协会（专业组织）；

荷兰有害垃圾处理实施协会（专业组织）；

垃圾管理协会（专业协调）；

住宅、空间规划与环境部（制定标准与政策）。

1）垃圾的收集和运送

目前，荷兰政府要求每个家庭都要对垃圾进行分类，特别是要将纸和玻璃分离出来。

市政府负责收集居民和企业产生的垃圾，并将其运送到垃圾处理场。离垃圾处理场较远的城镇，要通过中转站用火车把垃圾送到处理场。具体的收集和运送工作则由政府的公司或者是私营公司来承担。其中，政府的垃圾收集公司有两种：一种是一个市政府独自控股的公司，另一种是由几个市政府共同组建和控股的国有公司。而私营公司则是由政府委托招标公司通过招投标过程所选出的公司，与市政府签订合同后完全按市场化模式来运作。

2）垃圾处理

垃圾处理是市政府的职责。市政府委托招标公司通过招投标过程选择垃圾处理公司来具体处理垃圾，政府与公司签订合同，垃圾处理公司按市场化模式来运作。垃圾处理的经营可以让私营公司来完成，但所有权由政府所拥有，而且政府必须对垃圾处理公司进行强有力的监管。

对很多企业来说，垃圾处理还是一个相对较新的机遇。刚开始进入垃圾处理这个领域的公司大多没有经验，对环境的影响也不清楚。因而在开始的5～10年，政府要对初次涉入该领域的垃圾处理公司进行严格的监管，有些城镇（如鹿特丹）还设有专门的环境警察。对垃圾处理公司实行淘汰选择，甚至将做得太差的公司从该行业除名。适应一段时间后，公司积累了经验并步入正轨，它们不愿意轻易就被市场淘汰，因而会不断完善自己，去争取获得 ISO 等相关的资格认证书。这时，政府就可相对减小监管力度，因为同行比较已经能够保证维持正常的市场秩序并提供优质的服务。

3）垃圾处理不能私有化的原因

垃圾大多产生于城镇，而垃圾的填埋地点却选在农村，如果政府不通过制定法规，不用强硬的行政手段来给地方施压，没有人会主动让垃圾处理场建在自己的土地上。必须由政府出面才能缓解矛盾。

如果垃圾处理完全私有化，则各垃圾处理公司的处理成本会不一样，甚至相差较大，这样就容易导致人们都把垃圾送往处理费用低的垃圾处理公司。比如荷兰的有些城镇就把垃圾通过船只送到处理费用较低的德国和比利时去处理，这很容易造成垃圾的二次污染，也会造成垃圾处理市场的不稳定。

8.3.2　政府对服务水平的要求

（1）垃圾收集的要求

政府在税收、投资和政策方面对企业有鼓励政策，希望企业能为公众提供更优质的服务。企业希望将垃圾中有用的东西作为廉价的原料进行再加工，然后销售赚钱，但这就需要有销售市场，因而企业对政府有要求。环境警察的职责是确保垃圾按要求清除（垃圾按要求按指定时间放在指定地点）。

（2）垃圾分类的要求

2006 年垃圾不同成分的分类要求，如表 8-2 所示。

不同年份的垃圾组成含量　　　　表 8-2

垃圾类型	2000 年现状	2006 年目标
有机垃圾	53%	55%
纸/纸板	50%	75%
玻璃	63%	90%
纤维	33%	50%
白色/褐色物品	73%	90%
小的化学物质	54%	90%

（3）垃圾处理方式

国家不允许对垃圾进行填埋，尤其是不经分类就直接进行垃圾填埋。按照荷兰国家环境政策规划规定：2000 年，垃圾填埋的限制是 400 万 t；2010 年，垃圾填埋的限制是 200 万 t。但实际上是到 2001 年时仍有 650 万 t 垃圾还在填埋，这个数据已超过计划的 10％。

2001 年，无害垃圾填埋费用是 78 欧元/t，为了降低填埋量，到 2006 年，垃圾无害化填埋费用要增加到 122 欧元/t。

（4）尾气排放的标准

为了保护大气环境，荷兰政府对垃圾焚烧后的尾气排放制定了严格的标准，国家的行政机构 Kema 要求对垃圾焚烧尾气的指标含量进行严格的抽样检测，每年不定期检查四次。荷兰政府规定的一些尾气排放指标数据如表 8-3 所示。

垃圾焚烧厂尾气排放标准 表 8-3

尾气的成分	荷兰标准含量(mg/L)	尾气的成分	荷兰标准含量(mg/L)
HCl	10	NH_3	5
HF	1	镉	0.05
CO	50	汞	0.05
SO_2	40	二恶英	$0.1ngTEQ/m^3$
NO_x	70		

（5）垃圾的减量化与回收利用

政府要鼓励垃圾的减量化以及对垃圾进行充分的回收利用，以减轻后期的处理量。

（6）居民投诉

市政府负责监管垃圾收集公司和垃圾处理公司的运营情况并了解公众的满意度。如果公众对收集垃圾或处理垃圾公司的服务质量不满意，就可以向市政府或垃圾管理理事会（AOO）投诉，市政府的公共部门或理事会就会立即处理问题，调查公司是否按承诺办事。

8.3.3　行业自律

（1）同行比较

为提高垃圾行业的服务质量及水平，AOO 也要在行业内部进行行业比较，并根据运营管理水平（如垃圾处理市场份额、财务、服务等）加以比较排名，每年的排名公开发布，接受公众监督。

（2）同行比较的效果

国家对垃圾处理场的处理效果有严格的环保要求，达不到环保要求的企业会被市场淘汰，达标的企业则会增加产品竞争力，从而占领更大的市场，获得更多消费者的信赖并获得更好的经济效益。同时，同行比较促使了更多的企业更加重视环境保护问题。垃圾处理管理理事会负责同行比较的工作。

8.4　支持私营部门参与荷兰水业的建设与运营管理

8.4.1　概述

私营部门参与污水处理厂建设有多种途径，包括公私合营（PPP），或者联合控股、风险共担方式等模式。其中，典型的模式如 BOT、或者其衍生体如 BOO、BOL 等。所有这些模式在荷兰都有应用。

8.4.2　水行业及卫生设施领域参与者的角色

由于监管能力不高、资金不足，管理水行业不能单凭政府一家的力量。这也就是所谓的"政府失灵，需要引入市场机制"。各级不同政府部门都可以引入市场机制，通过私营部门（商业性或者非商业性）的参与，引入私营部门的成功的经验与模式。

水行业的持续发展需要公共部门、私营部门和社会公众的共同参与，只有这样才能扬长避短，提高水行业各部门的知识水平。这种共同参与涉及多个部门的合作，需要各部门明确职能和角色，确定各自的成本与风险。

（1）公共部门的角色，主要考虑建立授权机制和法规体系；

（2）私营部门的角色，主要是考虑引入竞争机制，提高效率；

（3）社会公众，或者非盈利组织、非政府组织的角色，主要是帮助社会公众，特别是贫困人口能够享受供水和卫生设施服务。通常，社会公众具有一定的积极性。

不同参与者的角色存在一定的差异，可以在具体项目运行中体现。如政府在组织设计、成本估算和招标前审批项目。非政府组织主要组织相关社会公众争取该项目。而私营部门或者某些利益攸关者主要参与项目的执行和融资。外部资金，如合作银行，也是可供选择的行业融资方式之一。因此，一个项目的成功运行，需要各部门的通力合作。

8.4.3　社会公众的力量

很多国家的政府服务都无法满足社会的需求，有的国家甚至都无法满足基本社会的需要，如足够的食物、良好的卫生设施、基础教育以及安全意识等。因此，政府需要通过明确职能，建立健全法规体系来解决相关问题。为了解决资金不足，或者主管部门政策失灵的问题，需要私营部门或非盈利性非政府组织的参与和支持。当然，私营部门的参与具有一定的风险。按照世界银行的观点，为了给其他群体创造参与的机会和条件，国家政府应该做好以下五项工作：

（1）建立法律基础；

（2）保持稳定的政策环境，包括宏观经济保持稳定；

（3）投资建设社会基本服务和基础设施；

（4）保护弱势群体；

（5）保护环境。

总之，水行业健康可持续发展的要求是：政府应该制定相应的制度，并编制完善的法规体系，创造良好的制度和政策环境；并通过私营部门和社会公众的共同努力，推动水资源的一体化管理工作进程。

8.4.4 私营部门的角色

政府一方面应为私营部门的发展创造良好的环境。同时，还需建立相应的法规体系，并监督私营部门是否遵循相关的法律法规。这就是所谓的建立市场机制。

8.4.5 私营部门的参与：非政府组织和社会公众

多数国家水行业的实践说明，非政府组织和社团组织是行业发展的关键。包括印度、墨西哥等国家的水行业都有非政府组织的参与。通常这些非政府组织是水行业主要的利益攸关者，都有明确的分工和定位。其主要任务是通过低成本方法，相对简单的技术，建立成本回收机制，动员社会公众。

社会公众，由不同的利益攸关者组成。有的社会公众属于被动型（被动的信息收集和意识表达），有的则比较主动（通过经济工具自行筹措资金参与，或者"爱好-支付-表达"的模式）。

8.4.6 地方的角色

水行业的发展很大程度上取决于地方条件。在地方，水行业的发展也需要三类群体的合作。按照分权决策理论，权力应该分散到社会基层。只有社会基层的社会公众知道存在的问题，并且有解决问题的意愿。

如何研究制定相应的政策制度，保障行业需求所需要的资金，建立健全需求环境，保护贫困人口？荷兰水行业持续、高效发展，其重要原因是各利益攸关者的直接或间接参与管理。水务管理委员会的运作，既符合社会公众参与的原则，也符合"谁受益、谁支付、谁发言"的原则。

分权制度可以促进水资源的可持续管理。分权决策一方面使各层机构的能力不断提高，另一方面，也形成了一系列成熟的管理机制，如分散的决策机制（从中央主管部门到地方分支部门，防止个人主义）、代表制度（地方政府受中央政府的授权）、委托授权关系（地方政府具有一定决策权）。

8.4.7　私营部门的参与与私有化

如果不考虑业主对水行业效益的影响因素，水行业主管部门如何平衡上述三类群体的关系？对于发达国家和发展中国家的水行业管理是否有所不同？如何确定私营部门对供水和卫生设施服务的直接参与程度？

私有化是一个流行术语，开放公有企业，引入并利用市场机制决定投入与产出。狭义的私有化是指通过资产转移或股权转让的方式，与通过政府部门分离，与公有制分离。英国和智利等国，原来公有的水行业基础设施，就与公有制分离，采取完全的私有化。水行业及卫生设施发展的关键，不是职能转变或者简单私有化，而是利用私营部门的参与，提高水行业及卫生设施的效率。

8.4.8　特许经营是垄断性基础设施实现私有化的途径

按照世界银行的观点，特许经营是垄断性基础设施领域实现私有化的有效途径。对水行业而言，引入完全的竞争机制存在较大困难，但特许经营是一种可选的方案。通过特许经营，政府或主管部门一方面委托私营部门提供服务，同时通过特许经营合同或者经营许可制度，对垄断性的基础设施进行监管。

对于热衷于水行业和卫生设施的公司，世界银行很希望与其合作并提供技术援助。为此，世界银行还专门制定了相应的服务合同范本。

　　有的国际性水务公司，对第三世界国家的投资较少。因为这些公司财务状况不允许他们负担更多的债务。可行的方案是，与当地的私营部门开展合作，共同提高当地的水行业及卫生设施的经济效益。

　　为了保护投资者的利益，需要建立健全的法规体系。包括委托授权、风险分担的相关法规、BOT 项目公司的占有或租赁资产权利以及对私营投资者资产的保护，避免没收或国有化。国外贷款项目应按照外商投资法进行还本付息。同时，应有透明、公正的组织招投标，投资者需要承诺履行合同。目前，投资拖延而导致的成本上升是很多大城市基础设施面临的严峻问题。鼓励私营部门的参与是解决这一问题的有效途径。为了吸引私营部门进入基础设施领域，政府主管部门应确保项目具有净现金流，以保证他们的投资效益。政府应通过制定规范的政策，鼓励和吸引私营部门与银行的参与。

　　基础设施，如供水公司和污水处理厂的投资与运营具有多种融资方式。为了将荷兰成功经验引入我国的生产实践，很有必要总结私营部门参与基础设施，特别是水行业的利弊，并以城市基础设施融资案例的形式进行分析。

　　基础设施项目，与普通项目相比，时间长（周期长）、投资大（成本高），而且收益比较低（服务收费和其他成本回收）。这类项目经常不考虑或少量计算日常运营和维护的费用，甚至忽略这部分的费用，或者将相应的数据测算很低（事后难以纠正）。

　　私营部门如果想参与基础设施建设，就需要筹措更多的资金投入，并且采取特殊的方式来经营城市基础设施项目。因此，为了鼓励投资者投资与参与，需要为投资者分析项目存在的风险因素，考虑哪些是可行的融资工具，需要对哪些法律法规进行修订等。

　　目前，由于投资主体对城市基础设施融资缺乏经验，还应总结和学习很多以前的成功经验和失败教训，明确各利益攸关者（他们的兴趣、爱好和对项目评价的标准）以及不同群体的比例关系，并分析不同群体由于不同文化背景所造成的不同影响，并探索影响项目成功的主要因素。

8.4.9 城市基础设施的融资方式

城市基础设施的融资方式包括 BOT、BOO、BOL、外商直接投资、合资等等。一个 BOT 项目，如某个电厂的投资建设，可能需要 25 年或者更长的时间来实现初投资的完全回收。另外，项目的组织方式可采取不同方式，既可以委托，又可以建立独立的组织来实施项目（如果是非援助项目）。

不论是发达国家的中小企业，还是发展中国家的私营部门和公共部门，风险共担是外商投资和技术转让等国际合作与交流活动时惯用的一项准则。

私营部门参与的供水及服务合同

供水系统的日常运营和维护仍由政府主管部门负责，但政府可以通过服务合同的方式，将部分具体活动以支付费用的方式委托给私营公司来完成，例如某个时期电力设施的维护、收费和计量等。服务合同的周期通常是 6 个月到 2 年之间不等。私营部门通常只针对某项具体活动，而且以经济效益为目标。通过公开招标选择私营部门，可以提高行业效益。在合同中，私营部门的服务一般通过完成的业绩（任务），如供应量、工程建设、设施的维护、以及付费用户数量等体现。

风险共担涉及很多方面，包括股权资本、投资风险、决策与控制、以及利润和其他收益的分配方式等。风险共担方式的股权和契约，包括外商直接投资和联合投资（契约的签订、风险共担、外商直接投资），是世界银行技术转让的主要模式。战略性合作在市场开拓、研究与开发、生产与营销等领域都非常重要。

为了促进水行业的发展，融资部门将水行业发展居于显著位置。因此，要在以往的融资部门参与的经验和教训中，总结不同融资方式的特点。不管私营部门如何参与，政府的主要职责是确定的。

如前所述，吸引私营部门参与供水行业的生产或服务的途径较多。在本案例中，水务管理委员会作为业主，是公有的，但其资金来源主要来自于私营部门。通常 BOT 项目的合同期限为30 年。

私营部门参与的管理合同

通过管理合同，政府拥有供水系统投资和资产的所有权，私人公司负责整个供水系统或系统某些部分的运营和维护，也以实现收益为目标，合同通常为 1～3 年。私人运营商可承担某城市的所有运营和维护工作，如计量、收费、收集水费等等。PSI 是供水及服务合同的升级，与特许经营的类型类似，合同中要求承包商的奖惩与其管理的公共服务的业绩挂钩。

特许经营的模式：租赁-运行合同

租赁合同促成了承租人（租赁服务设施的私人运营商）和公共部门（拥有服务设施的政府部门）的合作。承租人在合同中负责运营、维护和管理供水设施。公共部门则负责系统的更新投资。私人运营商一方面需要支付租金，同时也要承担相应的市场风险。这类合同的合同期限一般为 8～15 年。这类租赁合同一般由政府部门提出，因为他们需要设立并监督基础设施服务的目标。私营部门则负责提供基础设施服务，包括运营、维护基础设施，同时支付一定的租金，并承担相应的风险。

典型的特许经营模式：BOT 合同以及特许经营

通过特许经营的方式，特许经营者（私人运营商）对供水服务整个的特许经营期担负全部责任，包括运营、维护、管理和投资等。虽然固定资产的所有权还是归政府公共部门所有，但私人运营商需要承担固定资产投资、运营、维护，以及通过收费回收投资的所有商业风险。特许经营的期限一般为 20～30 年，因为特许经营者需要从新建工程的投资获得合理的投资回报。

BOT 合同通常用于新建供水项目，或者部分系统（如水处理系统、污水处理厂）的建设。私营部门建设的厂区，按照供水能力或处理能力来估计维护和运营的成本与收费获得收益的比较。经过一定时期，所有的设施归政府公共部门所有，私人承包商又需要对新增固定资产进行投资与融资。特许经营期满后，所有的资产移交给国家。BOT 有时也用于绿地特许经营和 ROT，在这种情况下投资者除了建设外还需要承担绿地复原的责任。

在所有的特许经营，通常都是某个公共部门将基础设施服务的权利和义务转让给私人公司（特许经营者）。如果国家或其他公共部门是服务供应商的股东，私营部门会很少参与。

特许经营也可能转让给垄断性的公共部门，如摩洛哥公路收费公司 ADM。在几内亚首都科纳克里，国家在特许经营公司占有很少的股份。

在所有上述的案例中，公用事业服务都是按照合同或政府许可规定的条件和要求进行的。私营部门负责运营，并至少承担部分的商业风险。一般情况下，特许经营商负担大部分的公用事业服务的任务和目标，但它可以自由地选择不同途径来实现公用事业服务的目标。

> **BOO 与政企分开**
>
> BOO（Build-Own-Operate），类似 BOT 但不涉及资产的转移。
>
> 企业与政府分离后，企业将现有资产的所有权移交给了私营部门，同时也由私营部门负责设施的扩建和更新。
>
> 在两个案例中，私人企业都负责项目的融资，投资计划的实施需要满足特许经营和相关法规所要求的责任和义务。

私营部门投资建设的资产具有以下特征，见表 8-4。

私营部门投资建设的资产具有的特征　　　表 8-4

特许经营的类型	资产的所有权	控制和管理
法国的特许经营	自开工起属于国家所有	私营部门负责全部的控制和管理工作，直到经营期满
BOT/ROT	在经营期内属于私营部门所有	在经营期满之前属于私营部门
BOO	私营部门具有所有权，负责经营期内的融资（间接的）	私营部门，保护投资者利益

8.4.10　经营期间

租赁、各类 BOT 模式以及特许经营，通常都在一定固定期限内。租赁和运营合同的期限相对较短。通常，供水及卫生设施的技术解决方案较为成熟，其主要问题是如何组织供水及卫生设施的建设并进行融资。目前，供水及卫生设施领域融资具有多种可供选择的方案。

目前多数国家的供水及卫生设施服务都实行公有制。公共部门提供的服务往往不能满足客户的需要。究其原因，主要是人员过多，成本回收率较低、政府监管不力，从而导致服务水平低下等问题。导致这些问题的原因既不是因为缺水、也不是缺乏供水需求，而是很多向客户提供供水服务过程中的非技术问题。因此，政府部门应大力吸引私营部门参与水处理厂的投资和建设。

8.4.11 Harnaschpolder 污水处理厂的建设

Harnaschpolder 污水处理厂于 2003 年开始投资建设，采取了先进的技术和特有的融资方案。

项目主要服务于荷兰的政治中心——海牙。该项目的工程建设由四家建筑公司组成的联合体 Bahr 完成。项目采取 BOT 的衍生体——DBFO（设计—建造—融资—运营），合同期限为 30 年（包含运营）。该项目设计与建造成本大约为 2.5 亿欧元。

项目所涉及的机械和电力活动包括：

（1）水处理；

（2）污泥处理；

（3）空气处理。

通过上述几个过程，最后的产出包括洁净的水、收集的污水或者进入设施的其他流体（经过处理后产生洁净水或流体，排向大海）。污水在采取生物处理时产生了污泥和尾气（需在排放前进行处理）。第一阶段为物理处理，利用 4 个处理池对污水较大的和较小的固体进行筛选。第二阶段需要 8 个生物池主要去除碳、磷和氮等，以达到欧盟法律法规的要求。

通常的生物处理方法是采取活性污泥处理法，利用微生物吃掉所有的垃圾。这种方法需要沉淀池和空气。利用该种方法，水中的固体（污泥）可以在沉淀池中净化。处理后的水经过每天几次的检验后，将直接排放到大海，整个处理过程将产生的污泥作为一种半成品（通常情况，要求污水处理厂进行脱水或者其他工艺）。

污泥处理是污水处理的第三阶段。污泥包括来自初沉池的污泥。为了减少污泥的数量，污泥必须进行妥善的保存和运输工作，包括污泥的稠化、收集和脱水。脱水后的污泥通常暂保存于厂区内，并通过货车或者船运输。除臭处理非常重要，而且空气处理系统需要尽快完成。

系统的设计能力为每日大约平均处理 24 万 m³ 的污水。这是一个大项目，需要私营部门参与融资。由于荷兰政府要求饮用水供应由政府控制，但允许供水组织鼓励和吸引私营部门参与，如财政部的 PPP 项目。在 2002 年，Delfland 水务管理委员会与 Delfluent 联合体（荷兰最大的污水处理厂之一）签订了采取设计—建造—投资—运营（DBFO）方式的服务合同。该项目在 2008 年正式运营。通过这个合同，私营部门投资就可以介入荷兰水行业的管理。目前，这是惟一类似这样的项目。

Delfluent 联合体，由 Vivendi 水务、DELTA 水务、Eurpoort 水务、Rabo 银行、Heijmans 地下工程和土建工程公司，以及 Strukton 公司共同组成。同时，对所有传统的污水处理厂都进行了更新改造。为了符合欧盟城市污水处理和排放标准的要求，需要吸引私营部门的参与，以满足建设污水处理厂的需要。

Delfand 水务管理委员会认为，DBFO 模式估计能至少提高 10% 的效率。该项目的土建工作需要一年时间，而管网的铺设工作又需要大约半年时间。设备的调试需要在 2007 年 1 月（土建开始后的 38 个月）才能开始。到 2007 年 6 月，项目的处理过程可以试运行（非满负荷），到 2008 年 1 月可以实现满负荷运行。

8.4.12　结论：成功的条件——融资的制度环境

融资的政策环境主要包括关于资本市场的银行和非银行的相关制度、法律法规，以及宏观经济政策的调控手段、利率政策和通货膨胀等：

（1）监督银行业的相关制度，包括融资制度和存款制度；

（2）非银行业的相关规定；

（3）股票交易委员会或者其他资本市场组织。

很多发展中国家的政策环境刚刚建立，尚需认真对待风险，处理好投资回报率、存款准备金率、通货膨胀、以及贷款的期限等问题。如世界银行、国际货币基金组织、Basle 银行等国际性机构，也都承担了很重要的监督职能。

具有多种融资工具的多元化融资市场，建立担保制度和法规体系非常重要。比如菲律宾和印度发行的市政债券，就需要良好的法规环境。在印度，地方政府若发行债券投资基础设施需要获得中央政府的批准。如果市场具备良好的信用等级系统，则完全可以通过市场进行选择，市场甚至可以监督每个市政府的信用。在必要的时候，为推进债券发行市场的发展，应及时调整法规体系。

融资市场健康发展的几个重要条件是：

（1）良好的宏观经济环境；

（2）鼓励私营部门的政策性的和契约式的储蓄；

（3）发展非正式的信用系统，对正式的信用系统进行有益补充；

（4）为私营部门投资基础设施项目提供便利的服务窗口。

与真正银行业相比较，发展中国家的城市主管部门对融资工具的认知还存在一定距离。因此，需要通过培训机构和融资机构组织各类专门的培训。

对于哪些融资工具适用，什么条件适用，发展中国家的城市主管部门了解甚少。另一方面，发达国家的银行也不了解发展中国家的实际情况，如何评估风险、实际的投资回报率和投资环境？因此，需要促进双方之间的交流。

通过培训，城市主管部门官员应学会识别城市项目的可行的投资方案。融资模式的选择，需要政府评估相应的风险、评估公共投资的投资回报率，并对私营部门的参与与否进行有无对比。

8.5 欧盟法规对其成员国水行业的影响

8.5.1 概述

本节主要以德国和荷兰为例，介绍欧盟饮用水和卫生设施政

策及欧盟规章对其成员国水行业的影响。欧盟成员国的水行业及
卫生设施基本上都符合欧盟法令及政策。早期欧盟法令的目标是
保护欧盟成员国居民的健康，而后来则更加注重环境的协调发
展。通过德国和荷兰的案例，分析评估欧盟法令在各成员国的实
施，对于我国水业及垃圾处理行业的政策制定与实施非常有借鉴
意义。

在欧盟，各国政府通常把行政职能最大程度地分散到地方政
府，最大可能地接近社会公众。如果基层单位能有效开展活动，
则通过基层单位负责管理与决策。分权决策机制可以促进水行业
的可持续管理。当然，分权决策机制需要充分的能力建设作支
撑，同时需要对同一区域内进行水资源的一体化管理的原则，如
供水服务的成本回收原则，使用者付费和污染者付费的原则
等等。

表 8-5 汇总了欧盟与饮用水相关的法令，在欧盟水行业改革
研究组报告的附件 1 对这些法令作了进一步的阐述。表 8-5 主要
概述了法令的名称、简要的描述、通常对这些法令的简称。

与饮用水相关的欧盟法令 表 8-5

法 令 名 称	介绍	简称
75/440/EEC of 16-6-1975	与饮用水相关的地表水水质	CD 75/440
76/160/EEC	洗浴用水水质要求	洗浴用水法令
76/464/EEC	危险物排放引起的污染控制	危险物
78/659/EEC	保护鱼类的淡水水质要求	淡水法令
79/923/EEC	水生贝类的水质要求	贝类法令
80/778/EEC of 15-7-1980	生活用水水质要求	CD 80/778
91/127/EEC of 1991	城市污水处理法令	污水处理
98/83/EC of 3-11-1998 Drinking Water Directive	与生活相关用水的水质要求	CD 98/83
2000/60/EC of 2000	水行业规划法令	WFD

8.5.2 欧盟法规对德国水行业及卫生设施的影响

德国水行业及卫生设施面临着巨大挑战：

（1）海平面的上升；

（2）地平面的沉降；

（3）气候变化；

（4）城市化水平的提高；

（5）需要严格遵循欧盟的污水处理法规与标准，执行欧盟城市污水处理法令。如除氮的要求，则要求德国政府在未来几年内投入大量的资金。德国将可能利用水行业几十年来惯用的融资方式对该部分额外投资进行融资。如果这种方法不可行，德国需要寻找别的方法来保证欧盟污水处理法令的贯彻与实施。

德国水行业管理模式的特点

（1）不是通常理解的外部权力部门制定的规章制度，也不是简单的私营部门运营公用事业。通过所有者、参与城市供水服务的市政主管部门共同实施规章制度。

（2）为了避免水系统的低效率，大多数与水行业相关的产品与服务的生产和分配严格分开。

（3）除了市政府主管部门，以及运营自然垄断行业的企业外，在水行业的每个部分都应引入竞争机制。

（4）为了更好地提供供水服务，专门设立跨地区的行业协会。

（5）该模式主要基于传统的城市自治，以及更好地提供公用事业服务为基础。

来源：Kraemer（2002）

德国采用的分权管理体制，通常由利益攸关的私营部门自发形成。该种模式既包含了水行业的竞争机制，同时也包含了市政府的控制。

目前德国正在讨论关于私营部门参与水行业及卫生设施的条件，主要的焦点是水行业多种不同的投资结构对环境与水行业管理的作用与意义。越来越多的法律法规的制定都突出了私有化的重要地位，以及越来越多地考虑透明性、可控性、行业自律、责任和义务、价格机制、以及卫生与环境方面各种因素。

为了实施欧盟 1975 年制定的第一个重要法令 （COM 75 440)，德国制定了很多的法规来规范各个城市及其相关企业的职能，同时也采取了与股票经营企业合股的方式，或是采取相关主体的有限责任制度等等。然而这些指令都没有改变供水行业的现状。因此，水行业的事务不仅是一个国家或地区的事情，而是整个欧盟需要面对并解决的事情。

在 1976 年，欧盟制定了 COM 76 464 法令，对水质提出了要求，特别是对危险物排放入水环境提出了严格的规定。实施的原则是，一方面，用水法令是整个欧盟范围内的水质标准，欧盟每个成员国都要遵照执行；另一方面，水污染物法令是控制排入水体的污染物，需要各成员国制定相应的排放标准来实现。该法令在德国的实施难度不大。因为德国在很早以前就有污染物排放控制法。1957 年颁布并在 2001 年进行了修订的与水行业相关事物的法规 （联邦水法)，作为联邦政府的框架法律，在此基础上，又编制了水质、水量管理的相关规章制度。

第二部饮用水水质法令 （CD 80/778)，涵盖了居民生活用水水质要求及配水系统的水质要求。该法令修订后形成了 COM 98 83 法令，通常将修订后的法令称为第三部饮用水法令 （CD 98/ 83)。此后，也把水质标准简称为"自来水"。随后，德国又建立了与水有关的参数体系，该体系不像法规那样具有强制性，但反映了更加严格的指标要求。德国必须建立系统的规划，以保证按照欧盟 COM 80 68 法令要求的Ⅱ类排放控制标准在德国的实施。

针对城市中心以及特殊工业区产生的污水收集、处理、排放，欧盟于 1991 年制定了城市污水处理法令 （COM 91 271)。

该法令的实施需要很多欧盟成员国以及城市（特别是布鲁塞尔和米兰）进行大规模的投资建设，很多国家提出他们难以在指定期限之前实现该要求。为了满足该法令的要求，很有必要推进水管理系统组织结构的重组，同时对全部或部分水行业采取私有化，以保证进行大规模投资建设的资金筹措。

8.5.3　德国案例分析的结论

德国是一个环境法规较为完善的国家，而且国家有能力投入更严格的环境法规的研究与制定。因此，德国成为了其他欧盟国家的模范，它是惟一真正建立了行动纲要的五个国家之一（CEC，1997）。

（1）德国水行业及卫生设施的发展，一方面归功于1986年至1993年期间欧盟相关法规对水质的要求，同时也归功于各地方政府主管部门的有力措施。

（2）与其他国家如英国和意大利等相比较，德国为了符合欧盟法令的要求而需要的投资相对较少。在英国，为了符合欧盟法令而推进了水行业的私有化的进程。在德国，因为有自己的水行业主管部门和监管体系，因此比较容易实现欧盟法令的要求。

（3）过去德国被认为是环境政策领域发展较快的国家，但在东德和西德合并之后，德国同时也面临很多经济问题。

8.5.4　荷兰水行业管理

荷兰水行业的任务与责任的划分是历史决定的。历史的发展形成了不同角色的不同责任，如表8-6所示。不管是战略性的政策，还是运营层面的政策都由四个不同层面的政府部门的7个不同机构来编制，即水行业的政策制订主要由欧盟、中央政府、省政府、市政府、水务管理委员会、荷兰水协会（VEWIN），以及饮用水供应公司来共同负责。表8-7归纳了目前荷兰水行业的职能划分情况。

荷兰水行业的公共部门的主要工作　　　　表 8-6

工作	负责单位	主要资金来源
洪水控制	国家政府和水务管理委员会	政府预算和税收
水质管理	水务管理委员会	水务管理委员会的收费和污染税
供水管理	供水公司	价格与资本市场
污水收集	市政府和水务管理委员会	市政税和水务管理委员会的收费
水处理	水务管理委员会	资本市场和项目融资

　　随着欧盟法令及其相关文件的不断增加，荷兰水务管理委员会及其水务公司不得不委托咨询工程师来协助他们达到这些法规的要求。在欧盟法令之外，荷兰的各级政府也采取措施规范水行业的发展，见表 8-7。荷兰的地方政府规定，若个体农场主或公司附近有污水收集系统，则不允许他们处理本单位排放的污水。

荷兰水行业相关部门的职能　　　　表 8-7

机　构	职　能
中央政府	规划法规和综合性管理措施 战略性国家政策 运营管理政策，并直接管理北部海域和国家水系统 整体监管各省政府、水务管理委员会和市政府
省政府	地下水和地表水政策 地下水运营管理政策 整体监管水务管理委员会和市政府
水务协会 VEWIN	每五年起草一份十年计划
水务管理委员会	地表水的管理（包括水质和水量），水资源控制，管理内陆河道和河流
市政府	污水收集
饮用水供应公司	饮用水的生产和分配 编制年度计划

　　荷兰从很早以前就开始管理水资源，而且其管理费用很昂贵。在 1994 年，全国的水管理成本人均大约为 386 美元。其中包括防洪费用大约占 16％，水量控制大约占 19％，水质控制大

约占 65%。

根据《地表水污染法》的要求，征收的污染税主要是为了保证水质管理和污水处理的资金来源。因此，水质控制的所有成本都从污染税中得到了回收。污染税是针对每个污染源，按照每人每年产生的污水来征收的。在 1999 年，每个污染源的平均污染税大约为 41.7 欧元。每户家庭大约按照 3 个单位支付，或者是125.2 欧元支付（2001 年水务管理委员会协会）。不同水务管理委员会之间的污染税有所不同，一般在 32 欧元到 50 欧元之间。不同的污染税标准基本与污水处理成本保持一致。

对于工业领域，主要在运营方面有所区别。工业的污染税是按照水量和所排放的污水的成分来征收的。所征收的 80% 的税收用于污水处理。剩下的 20% 用于改善地表水水质。荷兰每年用于水行业管理的花费大约为 56.7 亿欧元。一半以上的花费是用于供水和水质管理。水务管理委员会负责收集相关的费用和税收。供水公司负责收集饮用水水费。水行业管理的融资渠道主要有以下 6 个方面：

（1）中央政府的预算；

（2）水务管理委员会的收费；

（3）污染税；

（4）地下水税；

（5）饮用水费；

（6）私营企业融资。

在 2000 年，荷兰水行业管网系统的总成本大约为每个用户205 欧元。在供水公司中，用地表水的供水公司的管网成本大约为 241 欧元，而用地下水的供水公司的管网成本则大约为 147 欧元。在 2000 年，荷兰超过 700 万用户总的供水成本大约为 14 亿欧元。其中大约 47% 是运营成本，10% 是税，22% 是资金成本，同时有 21% 的折旧。在过去 10 年中，荷兰供水行业平均每年投资 5 亿欧元，在 2000 年的总投资达到了 4.19 亿欧元，人均大约为 28 欧元。大部分的投资用于配水管网（50%）、生产阶段（39%）、信息与通讯技术（大约 4%）。

荷兰供水行业的投资将在未来几十年内持续增长。该部分增长的投资有以下几个方面因素制约：

（1）公司兼并的继续。据预测，目前 15 家供水公司将不断发展到最后剩下 3～6 家。这种兼并将需要额外的投资。

（2）水源成本的增加。水质的恶化以及地下水取水难度的增加，导致了水处理成本的增加。一方面，有关地下水的相关法规要求供水公司把地下水水源改成地表水水源，这就要求供水公司对水质进行深度处理；另一方面，集约化的农业污染了地下水水源，也要求供水公司对水质进行深度处理。

（3）新建供水厂的建设需要成本。新建水厂需要符合更先进的处理技术的要求。主要是由于上述的污染问题以及更严的环境控制的要求。

最后，供水公司面临的另一问题是，如何增加投资来达到水质要求，符合环境保护的要求，以实现欧盟气候变化及环境保护方面目标。

污水处理是各城市政府的职责，其中包括污水的运输，并由水务管理委员会将污水处理。在 2002 年，水务管理委员会 Delfland 与 Delfluent 联合体签订了设计—建设—融资—运行（DBFO）合同，该项目是欧洲最大的污水处理项目，将在 2008 年开始运行，同时也更新了已有的污水处理厂。该项目的持续时间为 30 年。该项目的决策符合了私营部门要求新建污水处理厂的要求，也符合了欧盟关于城市污水排放的相关要求。水务管理委员会 Delfland 相信 DBFO 模式将至少提高 10% 的效率。在签订第一个 DBFO 合同之前，私营部门融资为这种模式进入荷兰水务市场打下了基础。目前，这是第一个，也是惟一采取该种模式的项目。该项目的事实表明，未来几十年内，私营部门的融资将会得到长远的发展，也将是未来很多决策者的优先选择。

8.5.5　欧盟法规对荷兰立法的影响

欧盟第一部饮用水法令（CD 75/440）在荷兰现有水务决策、水质目标的确定、以及地表水相关政策制订过程中得到了很好的应用。这些法律主要是针对供水公司的水源。为了实施欧盟的法令，包括关于第二水源的法令 CD 80/778，荷兰的相关法律在 1984 年作了修订。欧盟法令的重要作用就是推动对供水干管的改造。虽然荷兰干管的改造工程早在欧盟法令之前就已经开始，但确实是推动了干管改造的工作进程。

1991 年欧盟关于城市污水处理法令对荷兰环境管理法及关于地表水的法规都得到了很好的补充和完善。欧盟 91/676 法令则对荷兰的土壤保护法及硝酸盐法规（Nitraatrichtlijn）进行了补充和完善。1994 年，荷兰全国按照容易污染的地区来规划。1995 年，荷兰制定了为了实施欧盟法令的行动纲要。

欧盟第三部饮用水法令（CD 98/83）的颁布正值荷兰供水公司开始尝试私营部门的参与。2002 年荷兰政府颁布了法律，提出水行业要实行公有制。该法律主要针对通常为政府所有的公有供水公司，但又以私营部门参与的法律为前提。在这种条件下，一种行业自律的模式，取代了完全市场竞争，它允许供水公司之间开展业绩的比较。

8.5.6　荷兰案例的结论

荷兰是少数在水行业的管理中采取多种模式的国家，其他多数国家都是采取一种模式。荷兰水行业管理的这一特点是由文化和历史原因决定的。尽管如此，荷兰还是有很多可以供世界上其他国家借鉴的经验和教训。按照荷兰的经验，我们总结了荷兰水行业融资管理决策中几个重要原则：

首先是荷兰水行业管理是高效而且可持续发展的，其很重要的原因是因为利益攸关者直接或间接参与了管理决策。水务管理

荷兰模式成功的原因分析

强有力的融资机构非常重要；

政府主管部门确定水务管理委员会，以及供水公司公有制；

水务管理委员会的银行，是强有力的融资机构中的重要部分，扮演着为荷兰水行业融资的重要角色；

加强对水行业管理的紧迫意识，扩大对水务管理委员会和供水公司的支持力度；

水务管理委员会和供水公司拥有良好的声誉，包括财务可靠性和信赖性；

非常重要的财务声誉：荷兰的基层政府拥有良好的财务信誉；

拥有特殊的融资机构中介，如 NWB；

水务管理委员会和供水公司的自律系统，行业自律由各行业承担，可以及时发觉效率低下的部分。

委员会所从事的工作要根据社会公众的参与，以及有一定的利润为前提。任何受益的人都要支付相应的费用，但同时也有发言的权利。荷兰政府将水行业管理作为公用事业，但同时也要吸引私人投资主体参与某些工作，比如荷兰财政部采取的 PPP 方式。另外，政府试图通过行业自律、规模经济等方式来提供水行业的效率。荷兰模式的另一重要特征是融资方式多样化。水务管理委员会和供水公司可以选择最好的融资渠道。一个公司可以根据当前的需要采取多种的融资方式组合。

由于荷兰的水行业需要大量的投资，供水主管部门以及水务管理委员会非常依赖外部的投资主体。由于供水公司具有广阔的资本投资前景，融资机构非常想介入荷兰的水行业。荷兰的水行业正逐步调整其财务制度和报告程序，财务透明化，以符合私营部门投资的需要。由于这个原因，荷兰采取了不同行业之间采用同一种会计方法来进行业绩比较。主要指标包括还偿债务能力以及业绩指标等。每个供水公司都希望不断提高他们自身的指标。

8.5.7 本案例的结论

从上述分析可以得出以下两点结论：

1. 要确定在哪个层面制定水行业及卫生设施的规范与制度。如果从对该行业有利的角度出发，不能光是考虑国家层面、地区层面，还应考虑地方层面。欧盟法令的制定是为了给更好的管理制度和监督结构提供参考，而在一个水行业尚不成熟的国家来说，建立和完善管理制度与监督结构需要一个漫长的时间。

2. 不同的利益攸关者有不同的偏爱。在荷兰，如果地方政府拥有公有的污水处理系统，则不允许私人公司来处理他们的污水，因为私人公司的经营可能损害公众的利益。同时，该行业涉及很多机构主体、组织或者个人的复杂关系。这一点给欧盟水政策的制定和实施增加了难度。

附　录

1. 政　策　汇　编

国际性公约和宣言

(1)《里约环境与发展宣言》（联合国环境与发展大会于1962年6月14日在里约热内卢通过）

(2)《人类环境宣言》（联合国人类环境会议于1972年6月5～16日在斯德哥尔摩）

(3)《世界自然宪章》（1982年10月28日联合国大会通过）

(4)《气候变化框架公约》（1992年5月9日于纽约）

(5)《国际清洁生产宣言》（1998年9月联合国环境署国际清洁生产高层研讨会在韩国）

(6)《世界经济发展宣言》（联合国千年首脑会议在珠海）

(7)《生物多样性公约》

国务院文件

(1)《国务院办公厅转发国家环保局、建设部关于进一步加强城市环境综合整治工作若干意见的通知》（1992年）

(2)《城市市容和环境卫生管理条例》（1992年）

(3)《淮河流域水污染防治暂行条例》（1995年）

(4)《国务院关于环境保护若干问题的决定》（1996年）

(5)《全国生态环境建设规划》（1998年）

（6）中共中央、国务院《关于促进小城镇健康发展的若干意见》（2000 年）

（7）《国务院关于加强城市供水节水和水污染防治工作的通知》（2000 年）

（8）《关于西部大开发若干政策措施的实施意见》（2001 年）

（9）《中共中央关于完善社会主义市场经济体制若干问题的决定》（2003 年）

（10）《国务院关于淮河流域水污染防治"十五"计划的批复》（2003 年）

（11）《国务院关于鼓励支持和引导个体私营等非公有制经济发展的若干意见》（2005 年）

部委文件

（1）建设部《城市生活垃圾管理办法》（1993 年）

（2）国家体改委、建设部、公安部、国家计委、国家科委、中央机构编制委员会办公室、财政部、农业部、民政部、国家土地局、国家统计局《小城镇综合改革试点指导意见》（1994 年）

（3）财政部、国家计委、建设部、国家环保局《关于淮河流域城市污水处理收费试点有关问题的通知》（1997 年）

（4）国家环保局《关于全面推行排污申报登记的通知》（1997 年）

（5）国土资源部《关于加强土地管理促进小城镇健康发展的通知》（2000 年）

（6）建设部、国家环保总局、科技部《城市生活垃圾处理及污染防治技术政策》（2000 年）

（7）建设部、国家环境保护总局、科技部《城市污水处理及污染防治技术政策》（2000 年）

（8）财政部、国家环保总局《关于加强排污费征收使用管理的通知》（2000 年）

（9）国家环保总局关于转发《河北省环境保护局、河北省建设厅关于印发〈加强小城镇发展中环境保护工作的意见〉的通知》的通知（2001年）

（10）《"十五"城镇化发展重点专项规划》（2001年）

（11）《生态建设和环境保护重点专项规划》（2001年）

（12）《建设部关于加快市政公用行业市场化进程的意见》（2002年）

（13）国家发展计划委员会、建设部、国家环境保护总局《关于印发推进城市污水、垃圾处理产业化发展意见的通知》（2002年）

（14）建设部关于转发江苏省政府《关于进一步推进全省城市市政公用事业改革的意见》的通知（2003年）

（15）国家环境保护总局《废电池污染防治技术政策》（2003）

（16）建设部关于转发《山西省人民政府办公厅关于贯彻落实城市生活垃圾处理收费制度有关问题的通知》的通知（2003年）

（17）财政部、中国人民银行、国家环境保护总局《关于排污费收缴有关问题的通知》（2003年）

（18）国家环境保护总局《医院污水处理技术指南》（2003年）

（19）国家环境保护总局《环境保护设施运营资质认可管理办法（试行）》

（20）国家环境保护总局《危险废物安全填埋处置工程建设技术要求》（2004年）

（21）建设部《关于印发城市供水、管道燃气、城市生活垃圾处理特许经营协议示范文本的通知》（2004年）

（22）建设部《市政公用事业特许经营管理办法》（2004年）

地方文件

（1）《四川省环境污染物排放标准》（1983年试行）

（2）《北京市乡镇、街道、企业环境保护管理暂行办法》（1986年）

（3）《北京市污染源治理专项基金有偿使用实施办法》（1989 年）

（4）《北京市执行国务院〈征收排污费暂行办法〉的实施办法》（1997 年修订）

（5）《北京市征收城市生活垃圾处理费实施办法（试行）》（1999 年）

（6）《北京市城市基础设施特许经营办法》（2003 年）

（7）《贵州省城镇污水处理费征收管理暂行规定》

为了鼓励和支持个体私营等非公有经济的发展，国务院发布了《国务院关于鼓励支持和引导个体私营等非公有制经济发展的若干意见》，该意见对我国水行业的发展具有非常重要的意义。

国务院关于鼓励支持和引导个体私营等
非公有制经济发展的若干意见

公有制为主体、多种所有制经济共同发展是我国社会主义初级阶段的基本经济制度。毫不动摇地巩固和发展公有制经济，毫不动摇地鼓励、支持和引导非公有制经济发展，使两者在社会主义现代化进程中相互促进，共同发展，是必须长期坚持的基本方针，是完善社会主义市场经济体制、建设中国特色社会主义的必然要求。改革开放以来，我国个体、私营等非公有制经济不断发展壮大，已经成为社会主义市场经济的重要组成部分和促进社会生产力发展的重要力量。积极发展个体、私营等非公有制经济，有利于繁荣城乡经济、增加财政收入，有利于扩大社会就业、改善人民生活，有利于优化经济结构、促进经济发展，对全面建设小康社会和加快社会主义现代化进程具有重大的战略意义。

鼓励、支持和引导非公有制经济发展，要以邓小平理论和"三个代表"重要思想为指导，全面落实科学发展观，认真贯彻中央确定的方针政策，进一步解放思想，深化改革，消除影响非公有制经济发展的体制性障碍，确立平等的市场主体地位，实现公平竞争；进一步完善国家法律法规和政策，依法保护非公有制企业和职工的合法权益；进一步加强和改进政府监督管理和服务，为非公有制经济发展创造良好环境；进一步引导非公有制企业依法经营、诚实守信、健全管理，不断提高自身素质，促进非公有制经济持续健康发展。为此，现提出以下意见：

一、放宽非公有制经济市场准入

（一）贯彻平等准入、公平待遇原则。允许非公有资本进入法律法规未禁入的行业和领域。允许外资进入的行业和领域，也允许国内非公有资本进入，并放宽股权比例限制等方面的条件。在投资核准、融资服务、财税政策、土地使用、对外贸易和经济技术合作等方面，对非公有制企业与其他所有制企业一视同仁，实行同等待遇。对需要审批、核准和备案的事项，政府部门必须公开相应的制度、条件和程序。国家有关部门与地方人民政府要尽快完成清理和修订限制非公有制经济市场准入的法规、规章和政策性规定工作。外商投资企业依照有关法律法规的规定执行。

（二）允许非公有资本进入垄断行业和领域。加快垄断行业改革，在电力、电信、铁路、民航、石油等行业和领域，进一步引入市场竞争机制。对其中的自然垄断业务，积极推进投资主体多元化，非公有资本可以参股等方式进入；对其他业务，非公有资本可以独资、合资、合作、项目融资等方式进入。在国家统一规划的前提下，除国家法律法规等另有规定的外，允许具备资质的非公有制企业依法平等取得矿产资源的探矿权、采矿权，鼓励非公有资本进行商业性矿产资源的勘查开发。

（三）允许非公有资本进入公用事业和基础设施领域。加快完善政府特许经营制度，规范招投标行为，支持非公有资本积极参与城镇供水、供气、供热、公共交通、污水垃圾处理等市政公用事业和基础设施的投资、建设与运营。在规范转让行为的前提下，具备条件的公用事业和基础设施项目，可向非公有制企业转让产权或经营权。鼓励非公有制企业参与市政公用企业、事业单位的产权制度和经营方式改革。

（四）允许非公有资本进入社会事业领域。支持、引导和规范非公有资本投资教育、科研、卫生、文化、体育等社会事业的非营利性和营利性领域。在放开市场准入的同时，加强政府和社会监管，维护公众利益。支持非公有制经济参与公有制社会事业单位的改组改制。通过税收等相关政策，鼓励非公有制经济捐资捐赠社会事业。

（五）允许非公有资本进入金融服务业。在加强立法、规范准入、严格监管、有效防范金融风险的前提下，允许非公有资本进入区域性股份制银行和合作性金融机构。符合条件的非公有制企业可以发起设立金融中介服务机构。允许符合条件的非公有制企业参与银行、证券、保险等金融机构的改组改制。

（六）允许非公有资本进入国防科技工业建设领域。坚持军民结合、寓军于民的方针，发挥市场机制的作用，允许非公有制企业按有关规定参与军工科研生产任务的竞争以及军工企业的改组改制。鼓励非公有制企业参与军民两用高技术开发及其产业化。

（七）鼓励非公有制经济参与国有经济结构调整和国有企业重组。大力发展国有资本、集体资本和非公有资本等参股的混合所有制经济。鼓励非公有制企业通过并购和控股、参股等多种形式，参与国有企业和集体企业的改组改制改造。非公有制企业并购国有企业，参与其分离办社会职能和辅业改制，在资产处置、债务处理、职工安置和社会保障等方面，参照执行国有企业改革的相应政策。鼓励非公有制企业并购集体企业，有关部门要抓紧研究制定相应政策。

（八）鼓励、支持非公有制经济参与西部大开发、东北地区等老工业基地振兴和中部地区崛起。西部地区、东北地区等老工业基地和中部地区要采取切实有效的政策措施，大力发展非公有制经济，积极吸引非公有制企业投资建设和参与国有企业重组。东部沿海地区也要继续鼓励、支持非公有制经济发展壮大。

二、加大对非公有制经济的财税金融支持

（九）加大财税支持力度。逐步扩大国家有关促进中小企业发展专项资金规模，省级人民政府及有条件的市、县应在本级财政预算中设立相应的专项资金。加快设立国家中小企业发展基金。研究完善有关税收扶持政策。

（十）加大信贷支持力度。有效发挥贷款利率浮动政策的作用，引导和鼓励各金融机构从非公有制经济特点出发，开展金融产品创新，完善金融服务，切实发挥银行内设中小企业信贷部门的作用，改进信贷考核和奖惩管理方式，提高对非公有制企业的贷款比重。城市商业银行和城市信用社要积极吸引非公有资本入股；农村信用社要积极吸引农民、个体工商户和中小企业入股，增强资本实力。政策性银行要研究改进服务方式，扩大为非公有制企业服务的范围，提供有效的金融产品和服务。鼓励政策性银行依托地方商业银行等中小金融机构和担保机构，开展以非公有制中小企业为主要服务对象的转贷款、担保贷款等业务。

（十一）拓宽直接融资渠道。非公有制企业在资本市场发行上市与国有企业一视同仁。在加快完善中小企业板块和推进制度创新的基础上，分步推进创业板市场，健全证券公司代办股份转让系统的功能，为非公有制企业利用资本市场创造条件。鼓励符合条件的非公有制企业到境外上市。规范和发展产权交易市场，推动各类资本的流动和重组。鼓励非公有制经济以股权融资、项目融资等方式筹集资金。建立健全创业投资机制，支持中小投资公司的发展。允许符合条件的非公有制企业依照国家有关规定发行企业债券。

（十二）鼓励金融服务创新。改进对非公有制企业的资信评

估制度，对符合条件的企业发放信用贷款。对符合有关规定的企业，经批准可开展工业产权和非专利技术等无形资产的质押贷款试点。鼓励金融机构开办融资租赁、公司理财和账户托管等业务。改进保险机构服务方式和手段，开展面向非公有制企业的产品和服务创新。支持非公有制企业依照有关规定吸引国际金融组织投资。

（十三）建立健全信用担保体系。支持非公有制经济设立商业性或互助性信用担保机构。鼓励有条件的地区建立中小企业信用担保基金和区域性信用再担保机构。建立和完善信用担保的行业准入、风险控制和补偿机制，加强对信用担保机构的监管。建立健全担保业自律性组织。

三、完善对非公有制经济的社会服务

（十四）大力发展社会中介服务。各级政府要加大对中介服务机构的支持力度，坚持社会化、专业化、市场化原则，不断完善社会服务体系。支持发展创业辅导、筹资融资、市场开拓、技术支持、认证认可、信息服务、管理咨询、人才培训等各类社会中介服务机构。按照市场化原则，规范和发展各类行业协会、商会等自律性组织。整顿中介服务市场秩序，规范中介服务行为，为非公有制经济营造良好的服务环境。

（十五）积极开展创业服务。进一步落实国家就业和再就业政策，加大对自主创业的政策扶持，鼓励下岗失业人员、退役士兵、大学毕业生和归国留学生等各类人员创办小企业，开发新岗位，以创业促就业。各级政府要支持建立创业服务机构，鼓励为初创小企业提供各类创业服务和政策支持。对初创小企业，可按照行业特点降低公司注册资本限额，允许注册资金分期到位，减免登记注册费用。

（十六）支持开展企业经营者和员工培训。根据非公有制经济的不同需求，开展多种形式的培训。整合社会资源，创新培训

方式，形成政府引导、社会支持和企业自主相结合的培训机制。依托大专院校、各类培训机构和企业，重点开展法律法规、产业政策、经营管理、职业技能和技术应用等方面的培训，各级政府应给予适当补贴和资助。企业应定期对职工进行专业技能培训和安全知识培训。

（十七）加强科技创新服务。要加大对非公有制企业科技创新活动的支持，加快建立适合非公有制中小企业特点的信息和共性技术服务平台，推进非公有制企业的信息化建设。大力培育技术市场，促进科技成果转化和技术转让。科技中介服务机构要积极为非公有制企业提供科技咨询、技术推广等专业化服务。引导和支持科研院所、高等院校与非公有制企业开展多种形式的产学研联合。鼓励国有科研机构向非公有制企业开放试验室，充分利用现有科技资源。支持非公有资本创办科技型中小企业和科研开发机构。鼓励有专长的离退休人员为非公有制企业提供技术服务。切实保护单位和个人知识产权。

（十八）支持企业开拓国内外市场。改进政府采购办法，在政府采购中非公有制企业与其他企业享受同等待遇。推动信息网络建设，积极为非公有制企业提供国内外市场信息。鼓励和支持非公有制企业扩大出口和"走出去"，到境外投资兴业，在对外投资、进出口信贷、出口信用保险等方面与其他企业享受同等待遇。鼓励非公有制企业在境外申报知识产权。发挥行业协会、商会等中介组织作用，利用好国家中小企业国际市场开拓资金，支持非公有制企业开拓国际市场。

（十九）推进企业信用制度建设。加快建立适合非公有制中小企业特点的信用征集体系、评级发布制度以及失信惩戒机制，推进建立企业信用档案试点工作，建立和完善非公有制企业信用档案数据库。对资信等级较高的企业，有关登记审核机构应简化年检、备案等手续。要强化企业信用意识，健全企业信用制度，建立企业信用自律机制。

四、维护非公有制企业和职工的合法权益

（二十）完善私有财产保护制度。要严格执行保护合法私有财产的法律法规和行政规章，任何单位和个人不得侵犯非公有制企业的合法财产，不得非法改变非公有制企业财产的权属关系。按照宪法修正案规定，加快清理、修订和完善与保护合法私有财产有关的法律法规和行政规章。

（二十一）维护企业合法权益。非公有制企业依法进行的生产经营活动，任何单位和个人不得干预。依法保护企业主的名誉、人身和财产等各项合法权益。非公有制企业合法权益受到侵害时提出的行政复议等，政府部门必须及时受理，公平对待，限时答复。

（二十二）保障职工合法权益。非公有制企业要尊重和维护职工的各项合法权益，要依照《中华人民共和国劳动法》等法律法规，在平等协商的基础上与职工签订规范的劳动合同，并健全集体合同制度，保证双方权利与义务对等；必须依法按时足额支付职工工资，工资标准不得低于或变相低于当地政府规定的最低工资标准，逐步建立职工工资正常增长机制；必须尊重和保障职工依照国家规定享有的休息休假权利，不得强制或变相强制职工超时工作，加班或延长工时必须依法支付加班工资或给予补休；必须加强劳动保护和职业病防治，按照《中华人民共和国安全生产法》等法律法规要求，切实做好安全生产与作业场所职业危害防治工作，改善劳动条件，加强劳动保护。要保障女职工合法权益和特殊利益，禁止使用童工。

（二十三）推进社会保障制度建设。非公有制企业及其职工要按照国家有关规定，参加养老、失业、医疗、工伤、生育等社会保险，缴纳社会保险费。按照国家规定建立住房公积金制度。有关部门要根据非公有制企业量大面广、用工灵活、员工流动性大等特点，积极探索建立健全职工社会保障制度。

（二十四）建立健全企业工会组织。非公有制企业要保障职工依法参加和组建工会的权利。企业工会组织实行民主管理，依法代表和维护职工合法权益。企业必须为工会正常开展工作创造必要条件，依法拨付工会经费，不得干预工会事务。

五、引导非公有制企业提高自身素质

（二十五）贯彻执行国家法律法规和政策规定。非公有制企业要贯彻执行国家法律法规，依法经营，照章纳税。服从国家的宏观调控，严格执行有关技术法规，自觉遵守环境保护和安全生产等有关规定，主动调整和优化产业、产品结构，加快技术进步，提高产品质量，降低资源消耗，减少环境污染。国家支持非公有制经济投资高新技术产业、现代服务业和现代农业，鼓励发展就业容量大的加工贸易、社区服务、农产品加工等劳动密集型产业。

（二十六）规范企业经营管理行为。非公有制企业从事生产经营活动，必须依法获得安全生产、环保、卫生、质量、土地使用、资源开采等方面的相应资格和许可。企业要强化生产、营销、质量等管理，完善各项规章制度。建立安全、环保、卫生、劳动保护等责任制度，并保证必要的投入。建立健全会计核算制度，如实编制财务报表。企业必须依法报送统计信息。加快研究改进和完善个体工商户、小企业的会计、税收、统计等管理制度。

（二十七）完善企业组织制度。企业要按照法律法规的规定，建立规范的个人独资企业、合伙企业和公司制企业。公司制企业要按照《中华人民共和国公司法》要求，完善法人治理结构。探索建立有利于个体工商户、小企业发展的组织制度。

（二十八）提高企业经营管理者素质。非公有制企业出资人和经营管理人员要自觉学习国家法律法规和方针政策，学习现代科学技术和经营管理知识，增强法制观念、诚信意识和社会公

德，努力提高自身素质。引导非公有制企业积极开展扶贫开发、社会救济和"光彩事业"等社会公益性活动，增强社会责任感。各级政府要重视非公有制经济的人才队伍建设，在人事管理、教育培训、职称评定和政府奖励等方面，与公有制企业实行同等政策。建立职业经理人测评与推荐制度，加快企业经营管理人才职业化、市场化进程。

（二十九）鼓励有条件的企业做强做大。国家支持有条件的非公有制企业通过兼并、收购、联合等方式，进一步壮大实力，发展成为主业突出、市场竞争力强的大公司大集团，有条件的可向跨国公司发展。鼓励非公有制企业实施品牌发展战略，争创名牌产品。支持发展非公有制高新技术企业，鼓励其加大科技创新和新产品开发力度，努力提高自主创新能力，形成自主知识产权。国家关于企业技术改造、科技进步、对外贸易以及其他方面的扶持政策，对非公有制企业同样适用。

（三十）推进专业化协作和产业集群发展。引导和支持企业从事专业化生产和特色经营，向"专、精、特、新"方向发展。鼓励中小企业与大企业开展多种形式的经济技术合作，建立稳定的供应、生产、销售、技术开发等协作关系。通过提高专业化协作水平，培育骨干企业和知名品牌，发展专业化市场，创新市场组织形式，推进公共资源共享，促进以中小企业集聚为特征的产业集群健康发展。

六、改进政府对非公有制企业的监管

（三十一）改进监管方式。各级人民政府要根据非公有制企业生产经营特点，完善相关制度，依法履行监督和管理职能。各有关监管部门要改进监管办法，公开监管制度，规范监管行为，提高监管水平。加强监管队伍建设，提高监管人员素质。及时向社会公布有关监管信息，发挥社会监督作用。

（三十二）加强劳动监察和劳动关系协调。各级劳动保障等部门要高度重视非公有制企业劳动关系问题，加强对非公有制企业执行劳动合同、工资报酬、劳动保护和社会保险等法规、政策的监督检查。建立和完善非公有制企业劳动关系协调机制，健全劳动争议处理制度，及时化解劳动争议，促进劳动关系和谐，维护社会稳定。

（三十三）规范国家行政机关和事业单位收费行为。进一步清理现有行政机关和事业单位收费，除国家法律法规和国务院财政、价格主管部门规定的收费项目外，任何部门和单位无权向非公有制企业强制收取任何费用，无权以任何理由强行要求企业提供各种赞助费或接受有偿服务。要严格执行收费公示制度和收支两条线的管理规定，企业有权拒绝和举报无证收费和不合法收费行为。各级人民政府要加强对各类收费的监督检查，严肃查处乱收费、乱罚款及各种摊派行为。

七、加强对发展非公有制经济的指导和政策协调

（三十四）加强对非公有制经济发展的指导。各级人民政府要根据非公有制经济发展的需要，强化服务意识，改进服务方式，创新服务手段。要将非公有制经济发展纳入国民经济和社会发展规划，加强对非公有制经济发展动态的监测和分析，及时向社会公布有关产业政策、发展规划、投资重点和市场需求等方面的信息。建立促进非公有制经济发展的工作协调机制和部门联席会议制度，加强部门之间配合，形成促进非公有制经济健康发展的合力。要充分发挥各级工商联在政府管理非公有制企业方面的助手作用。统计部门要改进和完善现行统计制度，及时准确反映非公有制经济发展状况。

（三十五）营造良好的舆论氛围。大力宣传党和国家鼓励、支持和引导非公有制经济发展的方针政策与法律法规，宣传非公有制经济在社会主义现代化建设中的重要地位和作用，宣传和表彰非公有制经济中涌现出的先进典型，形成有利于非公有制经济

发展的良好社会舆论环境。

（三十六）认真做好贯彻落实工作。各地区、各部门要加强调查研究，抓紧制订和完善促进非公有制经济发展的具体措施及配套办法，认真解决非公有制经济发展中遇到的新问题，确保党和国家的方针政策落到实处，促进非公有制经济健康发展。

2.法规汇编

经济类

（1）《中华人民共和国审计法》（1994 年）

（2）《中华人民共和国预算法》（1994 年）

（3）《中华人民共和国价格法》（1997 年）

（4）《中华人民共和国建筑法》（1997 年）

（5）《中华人民共和国合同法》（1999 年）

（6）《中华人民共和国会计法》（1999 年）

（7）《中华人民共和国招标投标法》（1999 年）

（8）《中华人民共和国税收征收管理法》（1995 年）

（9）《中华人民共和国政府采购法》（2002 年）

（10）《中华人民共和国行政许可法》（2004 年）

环境保护与资源利用类

（1）《中华人民共和国水法》（1988 年）

（2）《中华人民共和国环境保护法》（1989 年）

（3）《中华人民共和国水污染防治法》（1996 年修正）

（4）《中华人民共和国固体废物污染环境防治法》（1995 年）

（5）《中华人民共和国环境噪声污染防治法》（1996 年）

（6）《中华人民共和国节约能源法》（1997 年）

（7）《中华人民共和国土地管理法》（1998 年）

（8）《大气污染防治法》（2000 年）

（9）《中华人民共和国清洁生产促进法》（2002 年）

（10）《中华人民共和国环境影响评价法》（2002 年）

规章制度

（1）建设部《全国环境监测管理条例》（1983 年）

（2）国务院环境保护委员会、国家计划委员会、国家经济委员会《建设项目环境保护管理办法》（1986 年）

（3）国家环境保护局《环境保护行政处罚办法》（1992 年）

（4）《中华人民共和国资源税暂行条例》（1993 年）

（5）国务院《城市供水条例》（1994 年）

（6）建设部关于实施《城市排水许可管理办法》的通知（1995 年）

（7）水污染物排放许可证管理暂行办法（1997 年）

（8）国务院《建设项目环境保护管理条例》（1998 年）

（9）国务院《中华人民共和国土地管理法实施条例》（1998 年）

（10）《城市供水价格管理办法》（1998 年）

（11）建设部《城市供水水质管理规定》（1999 年，2004 年修订）

（12）国务院《中华人民共和国水污染防治法实施细则》（2000 年）

（13）建设部《生产垃圾焚烧炉》（2000 年）

（14）建设部《城市生活垃圾卫生填埋技术规范》（2001 年）

（15）《中华人民共和国环境影响评价法》（2002 年）

（16）国务院《排污费征收使用管理条例》（2003 年）

（17）国务院《医疗废物管理条例》（2003 年）

（18）建设部《生活垃圾卫生填埋技术规范》（2004 年）

（19）国务院《危险废物经营许可证管理办法》（2004 年）

地方法规

（1）北京市实施《中华人民共和国大气污染防治法》条例（1988 年）

（2）北京市实施《中华人民共和国水污染防治法》条例（1997 年）

参 考 文 献

1 汪光焘. 在全国城市污水和垃圾治理与环境基础设施建设工作会议上的讲话. 浙江杭州, 2002

2 解振华. 在全国城市污水和垃圾治理与环境基础设施建设工作会议上的讲话. 浙江杭州, 2002

3 汪恕诚. 水资源可持续利用与发展的新思路. 在全国城市污水和垃圾治理与环境基础设施建设工作会议上的讲话. 浙江杭州, 2002

4 仇保兴. 加快污水处理进程、提高建设运行效率. 全国城镇污水处理工程建设与技术交流研讨会. 北京, 2004

5 仇保兴. 加强城市污水和垃圾治理工作 促进城市可持续发展. 在全国城市污水和垃圾治理与环境基础设施建设工作会议上的讲话. 浙江杭州, 2002

6 汪纪戎. 加快环境基础设施建设, 努力实现"十五"城市环境保护目标. 在全国城市污水和垃圾治理与环境基础设施建设工作会议上的讲话. 浙江杭州, 2002

7 祝圣训. 加拿大废物管理.《世界环境》No. 3, 2000

8 田春生. 世界主要国家市场模式的变革趋势. 中国科学院世界经济与政治研究所

9 World Resources. 2002~2004

10 傅涛等. 城市水业的认识误区与政府角色. 中国水网

11 李德标. 北京市城市基础设施投融资体制改革研究. 北京首创股份有限公司

12 薛乐群. 探索市政公用投融资改革的有效途径. 北京:《中国建设报/中国水业》第 22 期

13 傅涛. 水权分离与政府水管理范围界定. 中国水网

14 傅涛. 再谈水业的竞争和垄断. 中国水网

15 邵益生. 水价改革与公众参与. 中国水网

16 奚希. 城市污水处理设施投融资的基本特征及策略. 四川建筑，2003

17 尹淑坤等. 城市垃圾处理厂市场化运营模式分析. 21 世纪青年学者论坛，2003.12

18 张文理. 京郊小城镇集中供水现状及发展思路探讨. 北京水利，2004. 2

19 王焱等. 水环境建设运营模式研究. 北京：北方环境，2004.12

20 尹中卿. 当代美国国会的国政监督和人事监督程序. 兰州：《人大研究》

21 杜钢建. 规制政策与改革审批制度. 正义网

22 杜钢建. 公众参与政策制定的方式和程序. 正义网

23 杨亮庆. 政策的制定不该忽视公民的参与. 人民网

24 李仕林. 城市环境基础设施市场化改革制度设计要点. 中国水网

25 李仕林. 城市污水处理中的市场化与半市场化. 中国水网

26 盛洪. 公用事业的定价问题. 首届中国公用事业民营化高级论坛. 北京

27 茅于轼. 公用事业的收费标准：中国公用事业民营化研究中心

28 茅于轼. 公用事业的收费原则. 中国公用事业民营化研究中心

29 国家计委宏观经济研究院课题组. 垄断性产业价格改革. 北京：中国计划出版社，1999

30 王元京. 中国民营经济投资体制与政策环境. 北京：中国计划出版社，2002

31 韩灵丽. BOT 项目融资中的政府信用. 上海：上海财经大学学报，2003 年第三期

32 钟明霞. 公用事业特许经营风险研究. 重庆：《现代法学》，2003. 6

33 陈洪博. 论公用事业的特许经营. 深圳：深圳大学学报，2003. 11

34 钟瑜. 中国城市污水处理良性运营机制探讨. 济南：《中国人口、资源与环境》

35 张仁俐. 构筑循环经济的政策体系. 天津：《科学学与科学技术管理》，2001. 9

36 骆建华. 荷兰 德国的环境保护法制建设. 世界环境，2002. 1

37 郑云虹. 推动循环经济发展的政策体系. 长春：《经济纵横》，2003. 10

38 陈琨. 我国实施水资源循环经济模式的途径. 济南《中国人口·资源与环境》，2003 年第 5 期

39 李雪梅. 城市生活垃圾收费制度在天津市市民中的认知度分析. 北京：《再生资源研究》，2003 年第 2 期

40 刘德绍. 城市污染治理市场化的可行性研究. 重庆：重庆环境科学，

2001 年 4 月

41　李克国. 城市污水处理厂建设的环境经济政策分析. 北京：《环境保护》，2001. 2

42　张晖明. 城市基础设施建设投融资体制的改革与发展. 北京：《城市金融论坛》，2000. 12

43　李一花. 基础设施产业投融资市场化研究. 北京：《建筑经济》，2000. 3

44　国家环保总局环境与经济政策研究中心. 我国城市环境基础设施建设与运营市场化问题调研报告. 天则公用事业研究中心

45　贾建群. 民营企业参与城市基础设施投资及相应的融资方式. 北京：《城市燃气》，2003 年

46　罗光强. 基础设施政策性投融资及其运行的研究. 湘潭：《湖南工程学院学报》

47　程谦. 加快西部基础设施建设的政策选择. 成都：《财经科学》，2001

48　Darrell West. 美国政策制定从何作起？美国：《华盛顿观察》周刊

49　杜钢建. 议会立法听证程序比较. 正义网

50　余南平. 如何看待公用事业民营化. 上海：《国际金融报》

51　陈海滨等. 我国城市垃圾处理现状研究. 武汉：武汉城市建设学院学报，1997. 9

52　王建国. 澳大利亚和新加坡的经验及案例以及和中国的比较. 天则公用事业研究中心

53　何梦笔. 德国公用事业的竞争性再管制及其对中国的经验教训——一种演化经济学视角的制度分析. 天则公用事业研究中心

54　段洪雷. 美国供水排水私有化的经验教训和深圳市改革的研究报告. 深圳：深圳市水务科技项目

55　周其仁. 竞争、垄断和管制——"反垄断"政策的背景报告. 中国经济 50 人论坛

56　董雁飞. 欧盟新水框架法令概述. 北京：《国外水利》

57　金钟范. 韩国小城镇发展政策实践与启示. 北京：《中国农村经济》，2004. 3

58　王伟. 论小城镇基础设施建设中政府职能的转变和创新. 深圳：《中外房地产导报》

59　王敏. 欧洲小城镇建设初探. 北京：《小城镇建设》，2004. 4

60 张勇. 浅谈中小城镇的污水处理. 北京:《小城镇建设》，2004. 5

61 彭攀. 欠发达地区小城镇的可持续发展. 武昌:《理论月刊》，2004. 1

62 徐建华. 县级市政府职能转变探讨. 济南:《山东省农业管理干部学院学报》

63 张佑林. 小城镇建设存在的主要问题及对策探讨. 太原:《山西财经大学学报》，2004. 6

64 俞小和. 小城镇民众政治参与状况调查. 合肥:《安徽广播电视大学学报》，2004. 2

65 B. Petry Marcio R. M. Bessa. 荷兰水资源综合管理的经验

66 何斌. 德国、荷兰的节水政策及措施. 成都:《四川水利》

67 马冉. 对欧盟环境政策的法律思考. 开封:《河南大学学报》，2004. 1

68 李天福. 西部大开发的投融资分析与建议. 福州:《福建金融管理干部学院学报》，2000 年第 5 期

69 李延太. 我国城市垃圾处理中政府的调控作用. 北京:《环境科学》，2003. 6

70 吕黄生. 城市生活垃圾处理的管理政策研究. 北京:《管理现代化》

71 张悦. 中国城镇供水的现状与发展. 中国水网

72 李东序. 加快市政公用行业市场化的进程. 建设部网站

73 北京大岳咨询有限公司. 市政公用行业特许经营项目运作指南. 北京: 机械工业出版社，2003

74 Jareerat Sakulrat. Local Authorities: The Key For Sustainable Municipal Solid Waste Management In Thailand

75 Larry Simpson. Water Markets In the Americas，1997

76 J. M. Dalhuisen. Economic Aspects Of Sustainable Water Use

77 Ministry Of Housing. Spatial Planning And The Environment. Netherlands，The Netherlands' Environmental Tax On Groundwater

78 Global Environment Outlook 2000. UNEP

79 The National Council For Public-Private Partnerships. USA，For The Good Of The People: Using Public-Private Partnerships To Meet America's Essential Needs

80 Nutavoot Pongsiri University of Manchester. Centre on Regulation and Competition Working Paper Series